SONG LIAO LIU YU SHUI QING
NIAN BAO 2018

松辽流域水情年报 2018

松辽水利委员会水文局（信息中心）◎编著

·南京·

内 容 提 要

本书详细地介绍了2018年松辽流域雨水情情况，包括雨情、水情、大型水库水情、重要水情分析等内容。本书内容全面，数据翔实准确，可供经济社会、防汛抗旱、水资源管理、水文气象、农田水利、环境评价等领域的技术人员和政府决策人员阅读与参考。

图书在版编目(CIP)数据

松辽流域水情年报.2018 / 松辽水利委员会水文局(信息中心)编著. -- 南京：河海大学出版社，2019.9
ISBN 978-7-5630-6124-2

Ⅰ.①松… Ⅱ.①松… Ⅲ.①松花江—流域—水情—2018—年报②辽河流域—水情—2018—年报 Ⅳ.①P337.23

中国版本图书馆CIP数据核字(2019)第194533号

书　　名 /	松辽流域水情年报2018
书　　号 /	ISBN 978-7-5630-6124-2
责任编辑 /	张　媛
特约校对 /	史爱林
封面设计 /	黄　煜
出版发行 /	河海大学出版社
地　　址 /	南京市西康路1号(邮编：210098)
网　　址 /	http://www.hhup.com
电　　话 /	(025)83737852(总编室)　(025)83722833(营销部)
经　　销 /	江苏省新华发行集团有限公司
排　　版 /	南京布克文化发展有限公司
印　　刷 /	虎彩印艺股份有限公司
开　　本 /	787毫米×1092毫米　1/16
印　　张 /	9.375
字　　数 /	235千字
版　　次 /	2019年9月第1版
印　　次 /	2019年9月第1次印刷
定　　价 /	58.00元

《松辽流域水情年报2018》编写组

主　编　陈　宝　　左海阳
副主编　冯　艳　　孙　阳　　孙艳兵　　刘国忠
编　委　（按姓氏笔画排序）
　　　　包参路　　牛立强　　左海阳　　白　石　　冯　艳
　　　　刘金锋　　孙　阳　　孙艳兵　　冯　健　　陈理想
　　　　周　炫　　曹艳秋　　薛　梅　　邱天尧　　王化鑫
　　　　梁凤国　　王硕婕　　唐永美

目　录

第一章　概　述 ··· 1

第二章　雨　情 ··· 2
　　一、汛前降水 ··· 4
　　二、汛期降水 ··· 7
　　三、汛后降水 ·· 12
　　四、各月降水 ·· 14
　　五、主要降水过程 ·· 27

第三章　水　情 ·· 41
　　一、冰情 ·· 41
　　二、汛情 ·· 43
　　三、江河径流量 ··· 94

第四章　大型水库 ··· 104
　　一、汛初蓄水 ··· 104
　　二、汛末蓄水 ··· 106
　　三、年末蓄水 ··· 107
　　四、水库超汛限情况 ··· 116
　　五、重点水库 ··· 123

第五章　重要水情分析 ·· 129
　　一、松辽流域 7 月 24—25 日暴雨洪水总结 ··· 129
　　二、松辽流域 8 月 23—25 日暴雨洪水总结 ··· 134
　　三、黑龙江干流水情总结 ··· 139

第一章 概 述

2018年，松辽流域降水量整体较常年偏多近1成。其中，绥芬河偏多4成，额尔古纳河、嫩江、松花江干流、乌苏里江、图们江偏多1~2成，黑龙江干流、第二松花江、鸭绿江基本持平，西辽河、东辽河、辽河干流、浑太河、大小凌河、辽东半岛偏少1~3成。

2018年汛期，流域共有48条河流发生超警超保洪水。受局地强降水影响，黑龙江干流上游发生中洪水，牡丹江上游、浑江上游、嘎呀河、呼兰河中游发生大洪水。黑龙江干流，松花江及其支流呼兰河、汤旺河、蚂蚁河，乌苏里江支流穆棱河，绥芬河发生2018年第1号洪水。

2018年3—4月，嫩江、乌苏里江、松花江、黑龙江干流等先后正常开江，开江期间水势平稳，开江日期较常年总体偏早，水位偏低。受10—11月气温影响，松花江流域及黑龙江干流流域于12月相继全线封江，封江日期总体偏晚，封江水位偏低。

2018年，松辽流域主要江河径流量以偏少为主。其中，西辽河偏少10成，辽河干流、浑太河、大小凌河偏少6~7成，鸭绿江偏少4成，松花江干流、东辽河、图们江偏少1~2成，黑龙江干流、嫩江、第二松花江基本持平，绥芬河偏多7成。

2018年，松辽流域大型水库蓄水总体偏多。其中，汛初蓄水总量较常年同期略偏少，汛末蓄水总量较常年同期偏多近1成，年末蓄水总量较常年同期偏多2成。2018年汛期，松辽流域共有40座大型水库阶段性超汛限水位运行，其中有12座大型水库阶段性超正常高水位运行。

2018年，松辽水利委员会直调水库中，白山水库来水量较常年略偏多，丰满水库来水量与常年基本持平，尼尔基水库来水量较常年偏多4成，察尔森水库来水量较常年偏少4成。

第二章 雨 情

2018年松辽流域年降水量567.9 mm,与常年相比偏多近1成。降水主要集中在7—8月,呈现北多南少的特点。年降水量:黑龙江干流中游、嫩江中游、第二松花江中上游、松花江干流中下游、乌苏里江、绥芬河、图们江、鸭绿江、辽东半岛东北部为600~1 000 mm,黑龙江干流上游、嫩江大部、第二松花江下游、松花江干流上游、东辽河、辽河干流、大小凌河为400~600 mm,额尔古纳河、西辽河大部为400 mm以下。2018年松辽流域年降水量等值面图见图2-1,2018年松辽流域降水量统计表见表2-1。

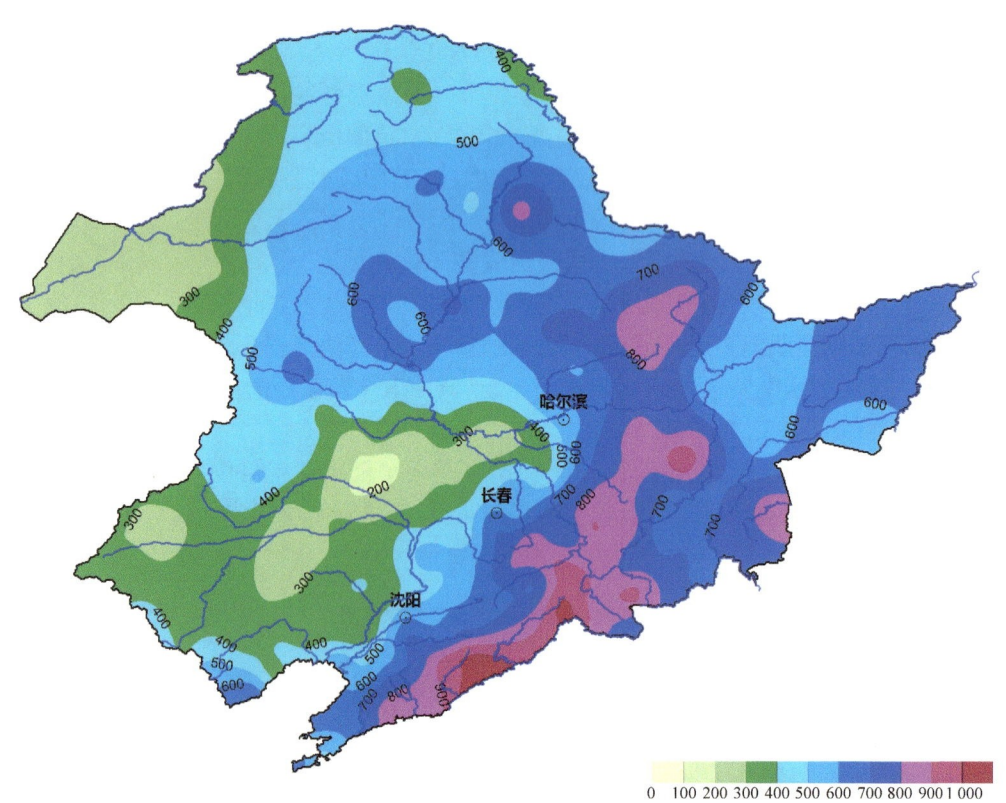

图2-1 2018年松辽流域年降水量等值面图(单位:mm)

第二章　雨　情

表2-1　2018年松辽流域降水量统计表

单位：mm

水系 月份	松辽 流域	额尔古 纳河	黑龙江 干流	嫩江	第二松 花江	松花江 干流	乌苏 里江	绥芬河	图们江	西辽河	东辽河	辽河 干流	浑太河	鸭绿江	大小 凌河	辽东 半岛
1月	4.2	4.6	6.2	1.5	6.2	6.6	5.3	6.5	1.1	0.5	5.8	4.3	5.8	6.8	0.0	2.4
2月	7.2	3.2	3.3	1.8	12.7	7.7	6.3	9.2	14.7	1.5	10.5	6.9	8.1	12.8	0.0	8.6
3月	12.6	10.5	8.9	5.7	19.1	16.2	11.3	25.9	14.6	4.4	16.1	13.2	17.8	11.4	10.2	4.2
4月	25.2	14.0	11.2	13.0	28.6	43.8	35.3	23.9	24.0	16.5	14.9	20.9	27.4	41.8	24.5	38.7
5月	50.0	27.1	30.8	30.3	61.8	28.6	54.2	85.3	103.8	14.1	40.3	47.2	59.3	95.5	24.3	47.1
6月	94.1	72.4	121.2	115.9	115.0	117.8	72.3	88.3	67.6	45.5	71.0	59.8	76.0	102.3	78.5	57.8
7月	133.7	98.8	143.2	175.1	101.7	174.2	127.2	119.4	80.5	91.7	88.3	83.7	101.1	134.8	121.4	75.8
8月	126.2	64.9	68.6	88.6	210.7	173.6	140.2	265.5	228.7	101.1	156.7	114.4	188.5	330.0	94.8	326.3
9月	67.3	58.6	69.9	81.3	78.5	78.5	81.6	35.6	54.5	25.1	44.3	68.5	71.3	90.3	31.9	72.5
10月	26.1	9.4	23.6	7.9	33.6	20.5	35.5	36.2	35.0	4.7	24.5	28.3	38.0	44.2	9.7	39.7
11月	15.5	5.8	15.9	2.0	17.9	18.1	29.5	34.0	40.1	3.0	8.5	5.3	11.8	27.0	0.8	13.1
12月	5.8	4.6	4.6	0.8	4.8	3.0	1.8	9.3	6.7	0.3	1.7	5.1	12.4	14.8	2.5	15.2
1—5月	99.2	59.4	60.4	52.3	128.4	102.9	112.4	150.8	158.2	37.0	87.6	92.5	118.4	168.3	59.0	101.0
6—9月	421.3	294.7	402.9	460.9	505.9	544.1	421.3	508.8	431.3	263.4	360.3	326.4	436.9	657.4	326.6	532.4
10—12月	47.4	19.8	44.1	10.7	56.3	41.6	66.8	79.5	81.8	8.0	34.7	38.7	62.2	86.0	13.0	68.0
全年	567.9	373.9	507.4	523.9	690.6	688.6	600.5	739.1	671.3	308.4	482.6	457.6	617.5	911.7	398.6	701.4

与常年同期相比,绥芬河偏多 4 成,额尔古纳河、嫩江、松花江干流、乌苏里江、图们江偏多 1~2 成,黑龙江干流、第二松花江、鸭绿江基本持平,西辽河、东辽河、辽河干流、浑太河、大小凌河、辽东半岛偏少 1~3 成。2018 年松辽流域年降水量距平图见图 2-2,2018 年松辽流域年降水量距平统计表见表 2-2。

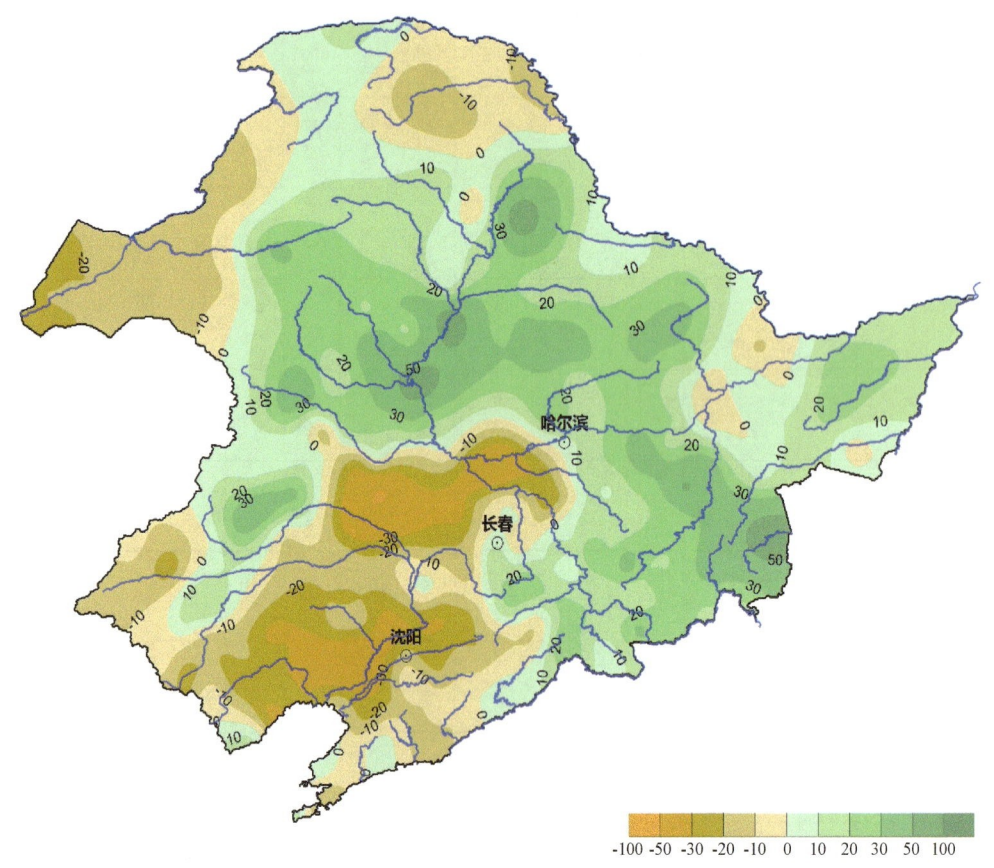

图 2-2　2018 年松辽流域年降水量距平图(单位:%)

一、汛前降水

从汛前(1—5 月)北半球 500 hPa 平均位势高度场和距平场(图 2-3)上看,北半球极涡呈偶极型分布,极涡中心分别位于亚洲北部和北美洲北部,位于北美洲北部的极涡中心附近有明显的负距平。中高纬度环流呈多波型分布,亚洲大陆受"两槽一脊"的环流型控制,两支高空槽系统分别位于巴尔喀什湖北侧和亚洲东北部,高压脊位于贝加尔湖附近。在上述大气环流背景下,汛前(1—5 月),松辽流域降水量 99.2 mm,与常年同期(99.1 mm)持平。1—5 月累计降水量:第二松花江中上游、绥芬河、图们江大部、鸭绿江中上游一般大于 150 mm,额尔古纳河、黑龙江干流大部、嫩江中下游、第二松花江中下游、松花江干流、乌苏里江、东辽河、辽河干流、鸭绿江下游、大小凌河大部、辽东半岛为 50~150 mm,其他大部分地区小于 50 mm。2018 年松辽流域汛前降水量等值面图见图 2-4。

表2-2　2018年松辽流域年降水量距平统计表

单位：%

水系 月份	松辽流域	额尔古纳河	黑龙江干流	嫩江	第二松花江	松花江干流	乌苏里江	绥芬河	图们江	西辽河	东辽河	辽河干流	浑太河	鸭绿江	大小凌河	辽东半岛
1月	−18	8	16	−25	−5	26	−25	16	−81	−63	19	2	−19	−27	−99	−64
2月	25	−4	−20	−18	59	35	6	32	129	−31	120	34	−11	10	−98	10
3月	9	71	6	9	26	36	−6	172	0	−32	34	5	4	−46	45	−70
4月	−9	−1	−57	−18	−8	61	29	0	−33	24	−44	−30	−31	−12	7	11
5月	2	2	−28	−4	3	−44	7	62	59	−55	−17	−4	−2	32	−42	−8
6月	15	28	51	50	8	27	−3	8	−25	−32	−19	−33	−21	−11	−9	−40
7月	−5	5	13	20	−44	15	10	15	−37	−21	−46	−52	−47	−44	−23	−64
8月	11	−16	−37	−15	47	35	20	140	78	29	24	−21	8	55	−19	65
9月	38	66	12	78	33	25	26	−39	−15	−21	−8	16	4	16	−33	0
10月	−9	−34	3	−49	7	−29	−2	8	15	−71	3	−8	−10	−1	−60	12
11月	12	−15	43	−60	−3	41	105	126	153	−43	−14	−62	−48	−9	−90	−32
12月	−19	−29	−34	−78	−50	−63	−80	27	−4	−87	−67	−20	12	2	−12	63
1—5月	0	9	−30	−8	6	1	9	53	24	−32	−9	−8	−11	4	−23	−12
6—9月	10	12	6	24	3	25	14	43	5	−10	−15	−30	−18	2	−20	−8
10—12月	−5	−28	8	−56	−5	−17	13	42	54	−66	−11	−24	−19	−3	−63	6
全年	7	9	0	16	3	17	13	45	14	−17	−14	−26	−17	2	−23	−7

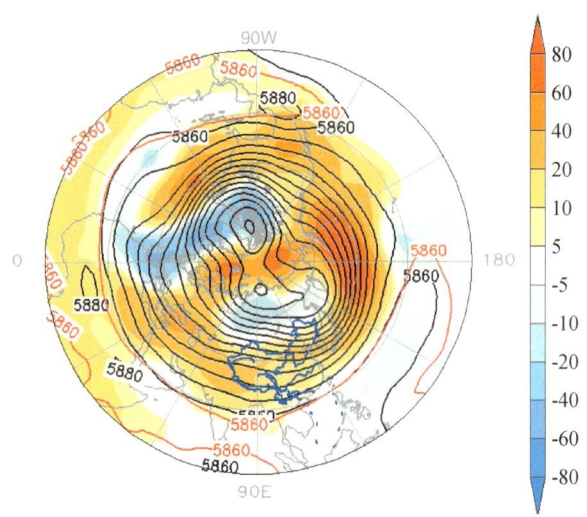

图 2-3　2018 年汛前北半球 500 hPa 平均位势高度场和距平场

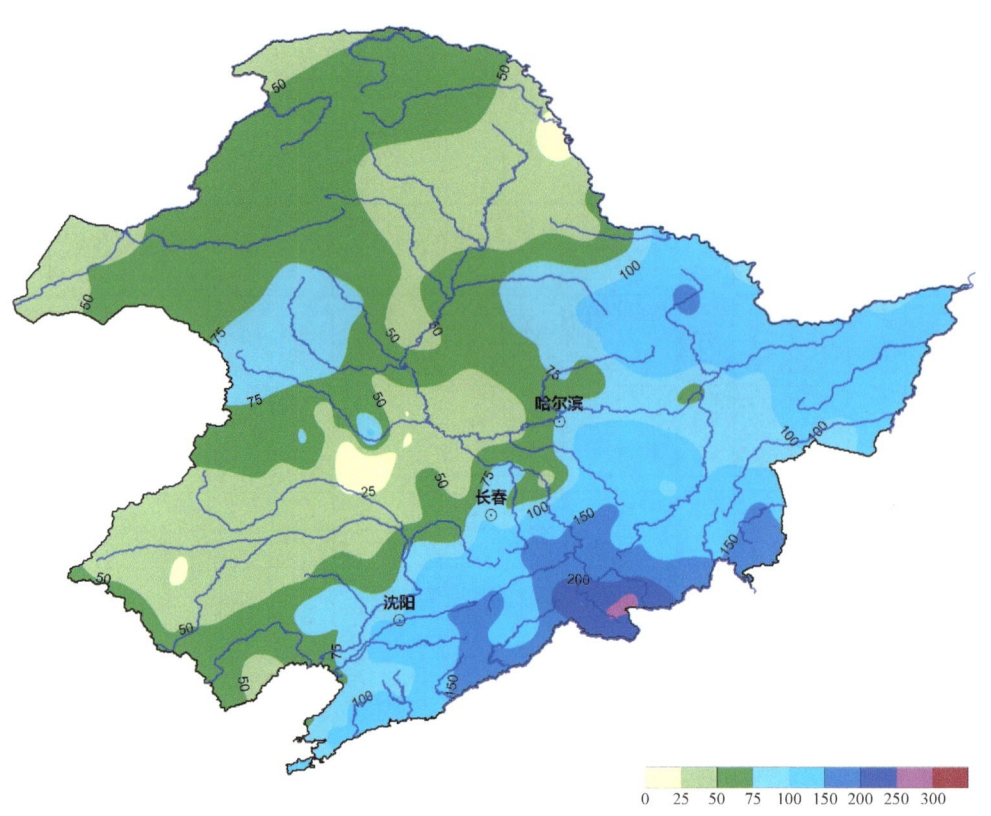

图 2-4　2018 年松辽流域汛前降水量等值面图(单位:mm)

与常年同期相比,绥芬河偏多 5 成,额尔古纳河、第二松花江、乌苏里江、图们江偏多 1~3 成,松花江干流、鸭绿江基本持平,黑龙江干流、嫩江、西辽河、东辽河、辽河干流、浑太河、大小凌河、辽东半岛偏少 1~3 成。2018 年松辽流域汛前降水量距平图见图 2-5。

第二章 雨 情

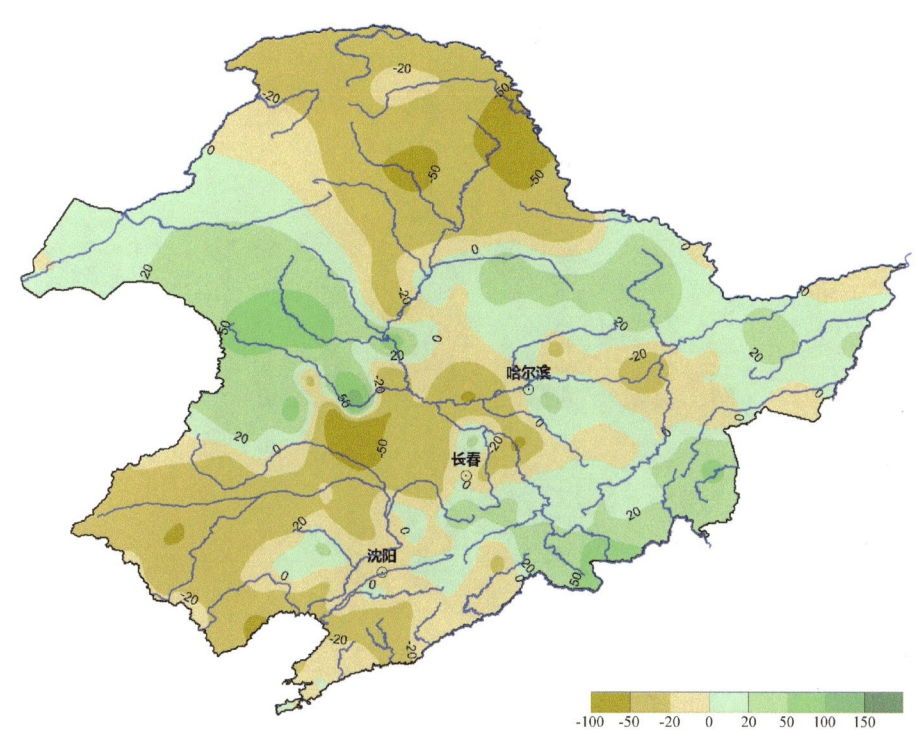

图 2-5 2018 年松辽流域汛前降水量距平图(单位:%)

二、汛期降水

汛期(6—9月),松辽流域降水量为 421.3 mm,较常年同期(384.0 mm)偏多 1 成。主雨区覆盖嫩江中上游,第二松花江中上游,松花江干流北侧支流呼兰河、汤旺河、南侧支流拉林河、蚂蚁河、牡丹江、绥芬河、鸭绿江、辽东半岛等地,上述地区一般降水量为 500～700 mm,其中嫩江支流甘河中上游、松花江干流北侧支流呼兰河上游及南侧支流蚂蚁河、第二松花江丰满水库库区、鸭绿江、辽东半岛上游等地一般降水量为 700～900 mm,局地 900～1 000 mm。最大点雨量为鸭绿江支流半拉江头道沟站(辽宁-丹东-宽甸)1 071.0 mm。汛期累计降水大于 250、500、700 mm 的笼罩面积分别为 92.6 万、31.5 万、4.8 万 km²。2018年松辽流域汛期降水量等值面图见图 2-6。

与常年同期相比,绥芬河偏多 4 成,列有资料以来多雨年份第 3 位;额尔古纳河、嫩江、松花江干流、乌苏里江偏多 1～2 成,其中嫩江上游尼尔基水库以上流域偏多 5 成,列有资料以来多雨年份第 1 位;黑龙江干流、图们江略偏多;第二松花江、鸭绿江基本持平;其他地区偏少 1～3 成。2018 年松辽流域汛期降水量距平图见图 2-7。

1. 汛期大气环流特征

2018 年汛期(6—9月),北半球 500 hPa 平均位势高度场和距平场(图 2-8)上,北半球极涡呈单极型分布,中心略偏向北美洲一侧,极涡主体位于北极正中地区,极涡附近有明显的负距平,负距平中心值为-40～-20 位势米,表明极涡较常年同期偏强。中高纬度环流呈 4

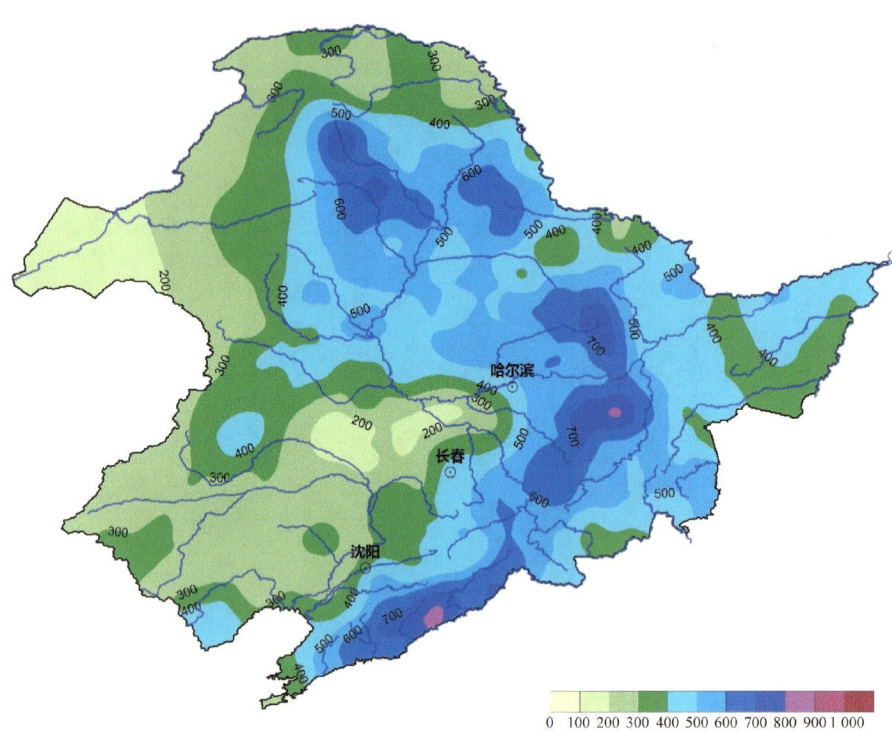

图 2-6　2018年松辽流域汛期降水量等值面图（单位：mm）

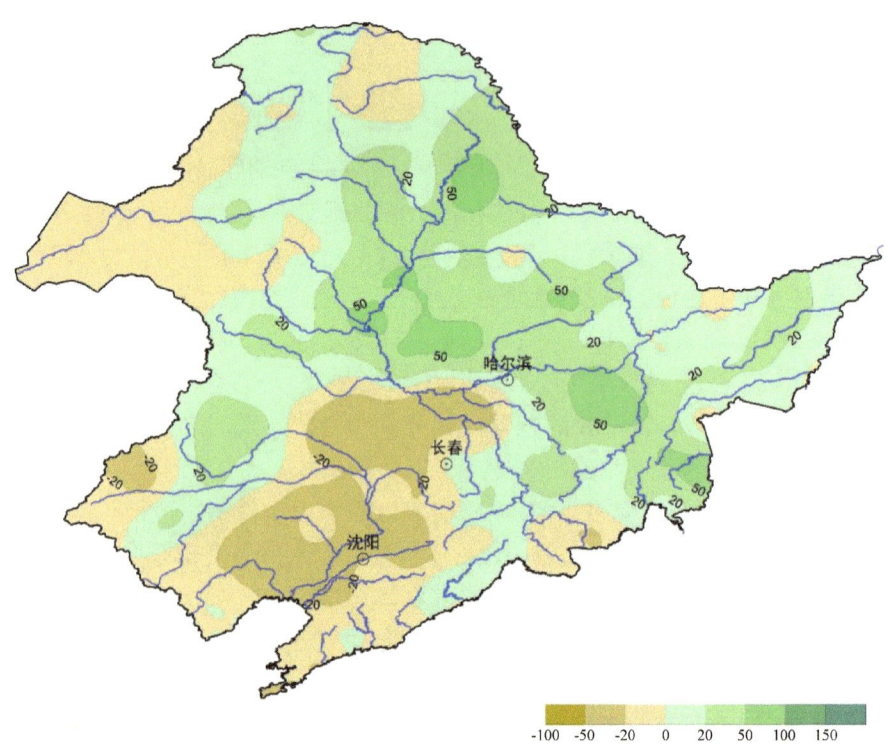

图 2-7　2018年松辽流域汛期降水量距平图（单位：%）

波型分布,其中亚洲大陆受"两槽一脊"的环流型控制,两支高空槽系统分别位于巴尔喀什湖西部和亚洲东北部,均较常年同期略偏强,高压脊位于贝加尔湖南部地区,较常年同期也略偏强。西太平洋副热带高压在汛期内强度偏强,面积偏大,脊线位置明显偏北,西伸脊点偏西,从而导致北上影响松辽流域台风偏多。松辽流域降水过程主要受西风带短波系统(即高空槽、冷涡、低空切变、低空急流等天气系统)和台风的影响。

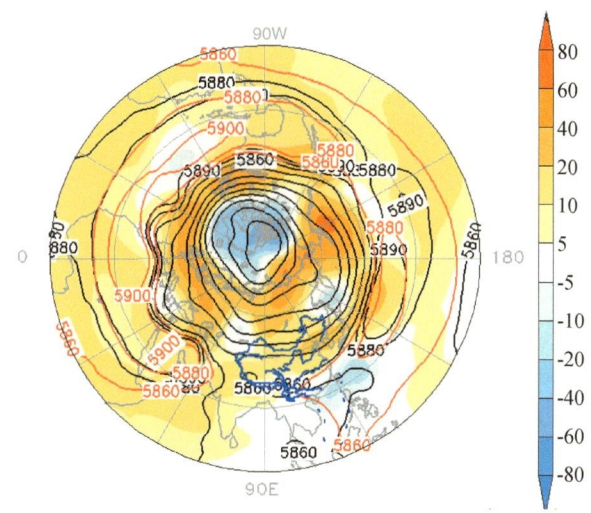

图 2-8 2018 年汛期北半球 500 hPa 平均位势高度场和距平场

6 月,北半球 500 hPa 月平均位势高度场和距平场(图 2-9)上,北半球极涡呈单极型分布,主体位于北极圈内,中心偏向西半球,位于 80°N 以南,中心强度为 5 400 位势米,极涡附近有明显的负距平,负距平中心值为－60～－20 位势米,表明极涡较常年同期偏强。中高纬度环流呈 4 波型分布,其中亚洲大陆受"两槽一脊"的环流型控制,两支高空槽系统分别位于乌拉尔山地区和亚洲东北部,贝加尔湖至我国西北地区为高压脊控制,位于乌拉尔山地区的高空槽较常年同期明显偏强,负距平中心值为－100～－60 位势米,其下游的高压脊则表现为明显的正位势高度异常,位于亚洲东北部的高空槽强度较常年同期略偏强或接近常年同期。松辽流域中北部处于高空槽内,此种形势场有利于松辽流域中北部降雨的产生。月内,西太平洋副热带高压面积偏大,强度偏强,脊线位置与常年接近,西伸脊点偏东。

7 月,北半球 500 hPa 月平均位势高度场和距平场(图 2-10)上,北半球极涡呈单极型分布,中心略偏向北美洲一侧,极涡主体位于北极正中地区,中心强度为 5 360 位势米,极涡附近有明显的负距平,负距平中心值为－80 位势米,表明极涡较常年同期偏强。中高纬度环流呈 4 波型分布,其中亚洲大陆受"两脊一槽"的环流型控制,高空槽系统位于中西伯利亚,高压脊分别位于乌拉尔山地区和亚洲东北部附近,位于中西伯利亚的高空槽较常年同期略偏强。松辽流域大部处于弱的高压脊中,此种形势场不利于松辽流域降雨的产生。月内,西太平洋副热带高压面积偏大,强度偏强,脊线位置明显偏北,西伸脊点略偏西。7 月下旬,热带气旋活动频繁,西太平洋副热带高压主体异常偏北,有利于海上生成的台风北上影响松辽流域,7 月 24—25 日,受 10 号台风"安比"残留云系和高空槽共同影响,松辽流域中北部出现一次强降水天气过程。

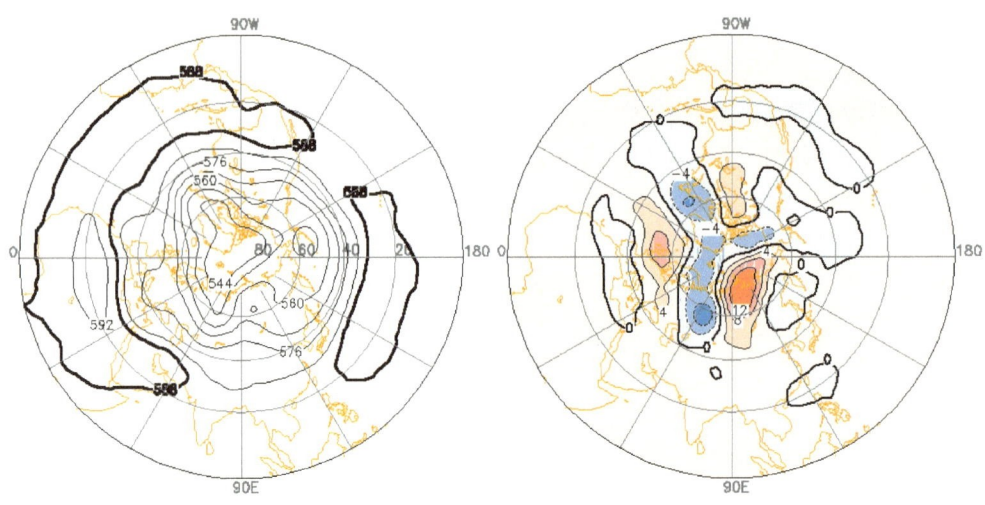

图 2-9　2018 年 6 月北半球 500 hPa 平均位势高度场和距平场

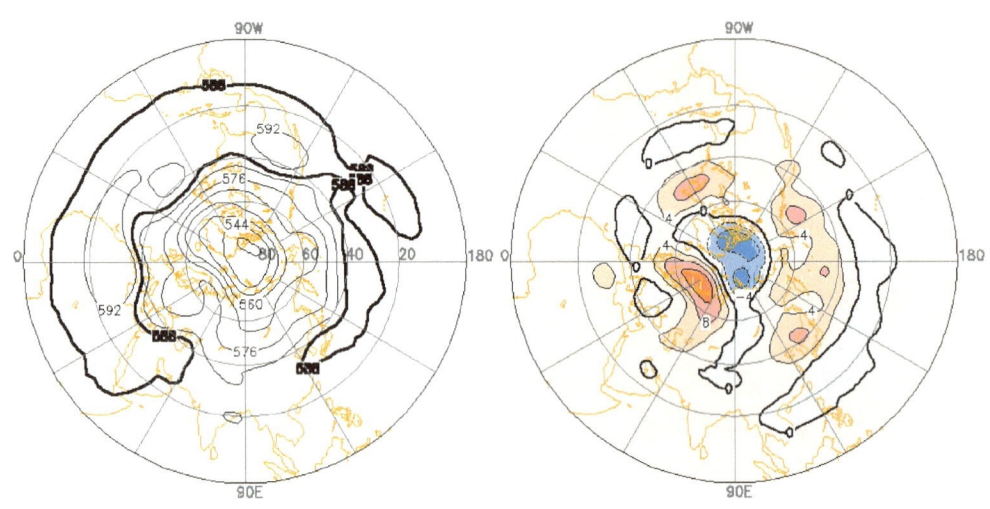

图 2-10　2018 年 7 月北半球 500 hPa 平均位势高度场和距平场

8月,北半球 500 hPa 月平均位势高度场和距平场(图 2-11)上,北半球极涡呈单极型分布,中心强度为 5 360 位势米,极涡附近有明显的负距平,负距平中心值为 -80 位势米,表明极涡较常年同期偏强。中高纬度环流呈 4 波型分布,其中亚洲大陆受"两槽一脊"的环流型控制,两支高空槽系统分别位于巴尔喀什湖北部和堪察加半岛附近,均较常年同期略偏强或接近常年同期,高压脊位于贝加尔湖附近,较常年同期也略微偏强。松辽流域大部处于槽后脊前,此种形势场不利于松辽流域降雨的产生。月内,西太平洋副热带高压面积偏大,强度偏强,脊线位置明显偏北,西伸脊点偏西。8月中下旬,热带气旋活动频繁,西太平洋副热带高压主体异常偏北,有利于海上生成的台风北上影响松辽流域,分别受 14 号台风"摩羯"、18 号台风"温比亚"、19 号台风"苏力"和冷空气共同影响,松辽流域中南部产生强降水天气过程。

9月,北半球 500 hPa 月平均位势高度场和距平场(图 2-12)上,北半球极涡呈单极型分布,中心强度为 5 280 位势米,极涡附近有明显的负距平,负距平中心值为 -120 位势米,表明极涡较常年同期偏强。中高纬度环流呈多波型分布,其中亚洲大陆受"两槽一脊"的环流型控制,两支高空槽系统分别位于巴尔喀什湖和亚洲东北部,高压脊位于贝加尔湖南部附近,位于亚洲东北部的高空槽较常年同期略偏强。松辽流域多短波槽活动,多阵性降水天气,导致松辽流域降水过程较为频繁。月内,西太平洋副热带高压面积偏大,强度偏强,脊线位置略偏北,西伸脊点偏西。

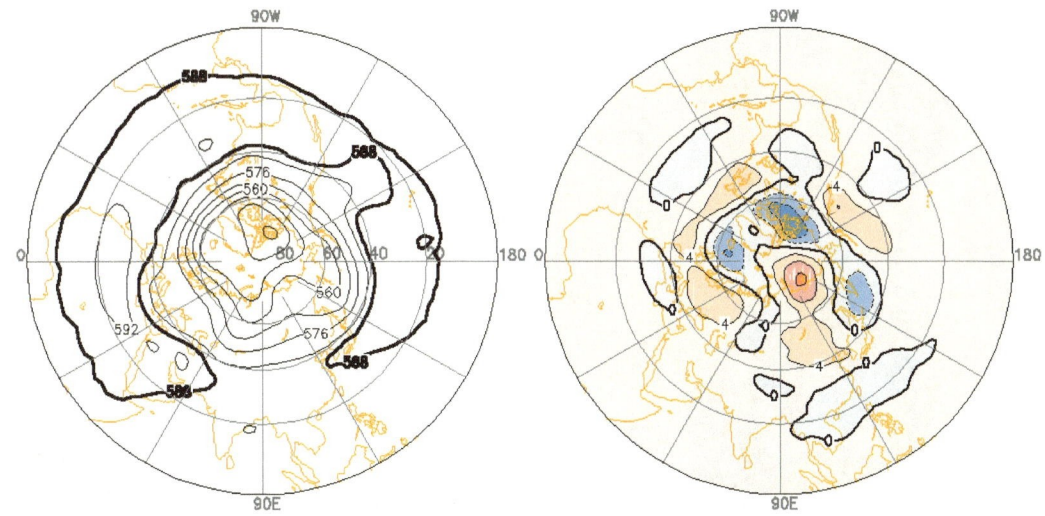

图 2-11　2018 年 8 月北半球 500 hPa 平均位势高度场和距平场

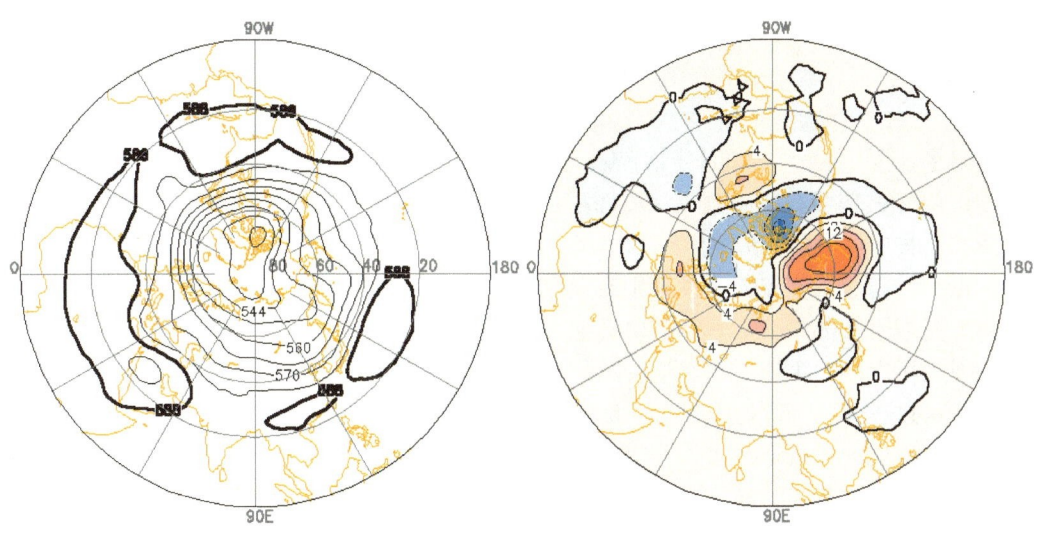

图 2-12　2018 年 9 月北半球 500 hPa 平均位势高度场和距平场

2. 汛期降水特点

2018 年汛期松辽流域降水特点:降水量整体偏多,时间分布与常年大致相似,空间分布异常;降水场次多,范围广,强度大;影响流域的台风个数多。

①汛期降水量整体偏多,时间分布与常年大致相似,空间分布北多南少。汛期降水量较常年同期偏多 1 成,降水主要集中在 7—8 月,时间分布与常年大致相似。流域北部及东部降水明显偏多,异于常年由东南沿海向西北内陆逐渐递减的降水分布格局,其中流域北部的嫩江尼尔基水库以上流域降水偏多 5 成,列有资料以来多雨年份第 1 位。2018 年汛期降水

分配图见图2-13,汛期常年降水分配图见图2-14,2018年汛期降水分布图见图2-15,汛期常年降水分布图见图2-16。

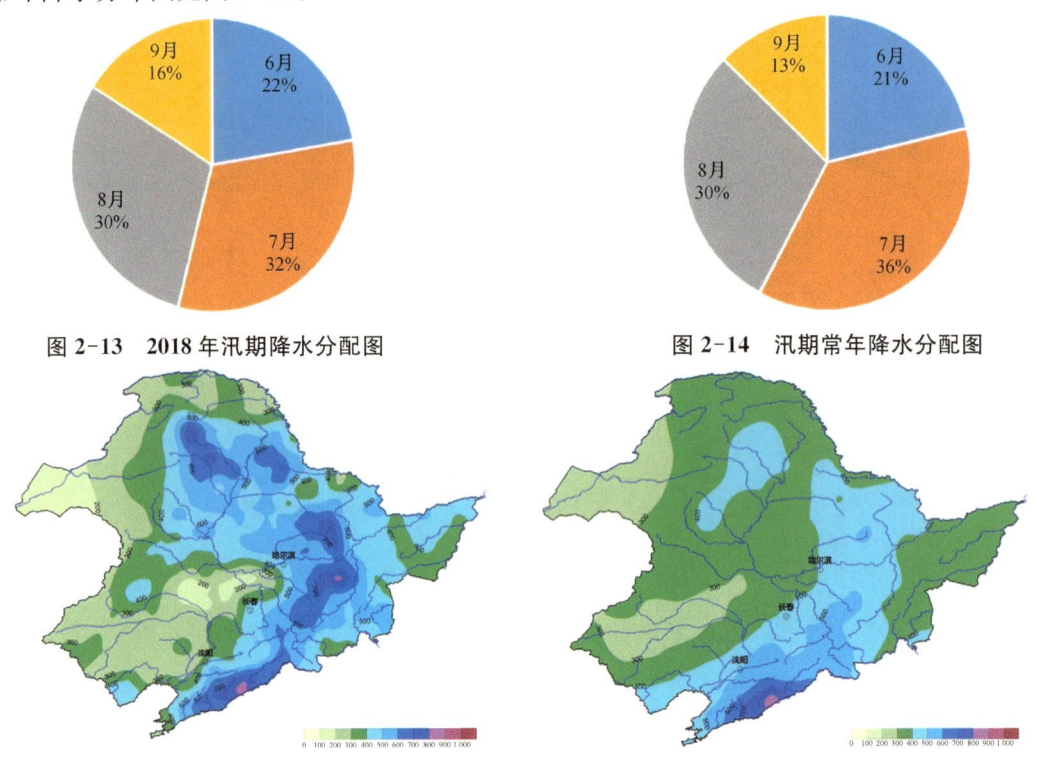

图2-13　2018年汛期降水分配图　　　　　图2-14　汛期常年降水分配图

图2-15　2018年汛期降水分布图(单位:mm)　　图2-16　汛期常年降水分布图(单位:mm)

②降水范围广,强度大,部分站点日降水量超水文部门历史记录。5场降水过程大于25 mm的雨区覆盖面积超过整个流域面积的1/3,降水影响范围广。其中,受台风"安比"影响的降水过程中,西辽河乌力吉木仁河哈日朝鲁站(内蒙古-通辽-扎鲁特旗)最大日雨量为231.2 mm,松花江干流支流呼兰河卫东林场站(黑龙江-铁力)最大日雨量为218.0 mm,均突破所属流域水文部门日降水量历史极值。

③降水场次多。汛期受高空槽、冷涡、台风、副高后部切变、低层切变等影响,流域有20场主要降水过程,其中6月4场、7月5场、8月6场、9月5场降水过程。

④影响流域的台风个数多。汛期共有5个台风影响松辽流域,分别是台风"安比""摩羯""温比亚""苏力"以及"西马仑"。

三、汛后降水

从汛后(10—12月)北半球500 hPa平均位势高度场和距平场(图2-17)上看,北半球极涡呈单极型分布,极涡附近有明显的负距平,负距平中心值为−40～−20位势米,表明极涡较常年同期偏强。中高纬度环流呈4波型分布,亚洲大陆受"两槽一脊"的环流型控制,两支高空槽系统分别位于巴尔喀什湖和亚洲东北部,高压脊位于贝加尔湖附近。在上述大气环流背景下,汛后(10—12月),松辽流域降水量47.4 mm,较常年同期(49.8 mm)略偏少。10—12月累计降水量:黑龙江干流中游、第二松花江中上游、松花江干流支流拉林河和牡丹江中上游、乌苏里江、绥芬河、图们江、浑太河、鸭绿江、辽东半岛一般大于 50 mm，其他地区小于 50 mm。2018 年松辽流域汛后降水量等值面图见图 2-18。

与常年同期相比，绥芬河、图们江偏多 4～6 成，黑龙江干流、乌苏里江、辽东半岛偏多 1 成左右，第二松花江、鸭绿江略偏少，额尔古纳河、松花江干流、东辽河、辽河干流、浑太河偏少 1～3 成，嫩江、西辽河、大小凌河偏少 5～7 成。2018 年松辽流域汛后降水量距平图见图 2-19。

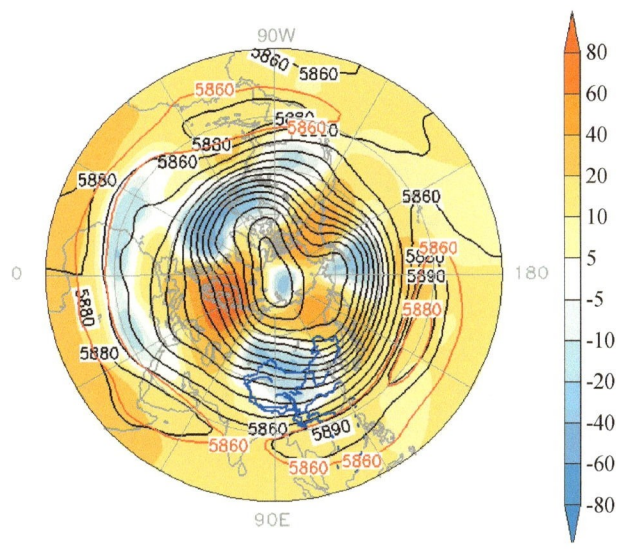

图 2-17　2018 年汛后北半球 500 hPa 平均位势高度场和距平场

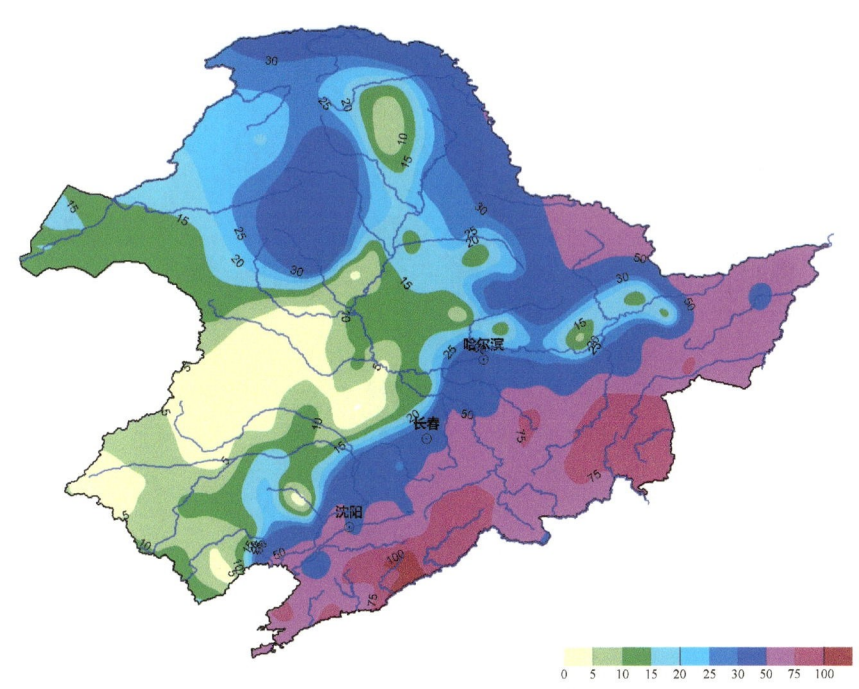

图 2-18　2018 年松辽流域汛后降水量等值面图（单位：mm）

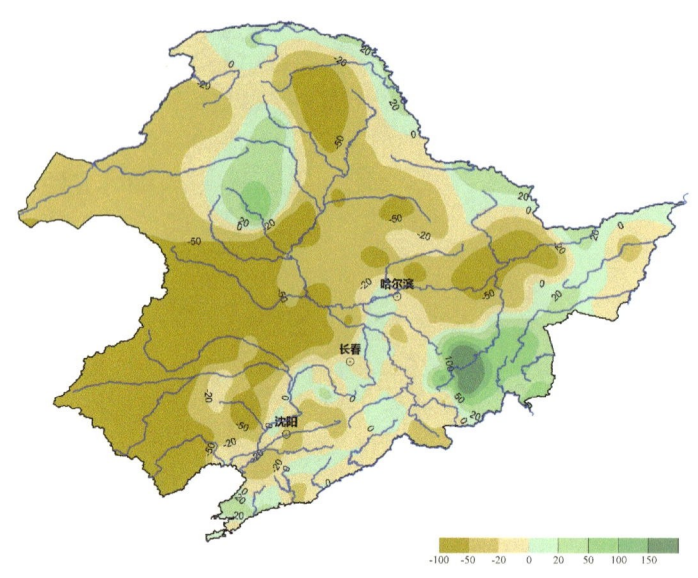

图 2-19 2018 年松辽流域汛后降水量距平图(单位:%)

四、各月降水

1月,松辽流域降水量 4.2 mm,较常年同期偏少近 2 成。与常年同期相比,额尔古纳河、黑龙江干流、松花江干流、绥芬河、东辽河偏多 1~3 成,辽河干流基本持平,嫩江、乌苏里江、浑太河、鸭绿江偏少 2~3 成,图们江、西辽河、辽东半岛偏少 6~8 成,大小凌河偏少近 10 成。2018 年 1 月松辽流域降水量等值面图和降水量距平图分别见图 2-20、图 2-21。

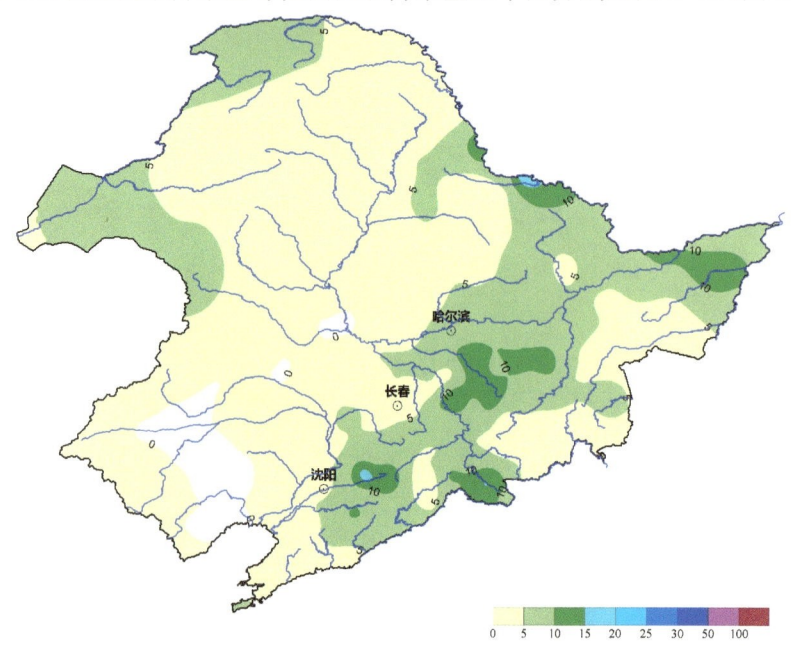

图 2-20 2018 年 1 月松辽流域降水量等值面图(单位:mm)

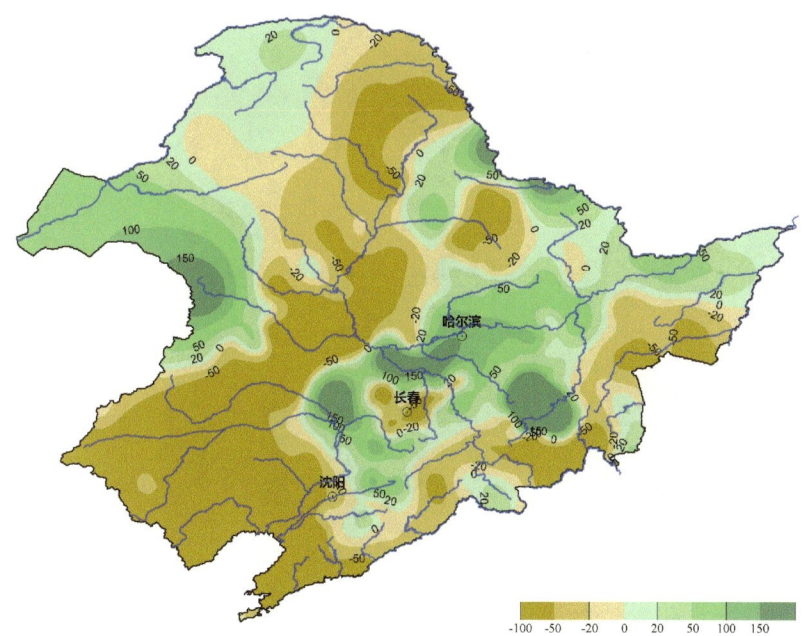

图 2-21　2018 年 1 月松辽流域降水量距平图（单位：%）

2 月，松辽流域降水量 7.2 mm，较常年同期偏多 2 成。与常年同期相比，图们江、东辽河偏多 1 倍以上，第二松花江、松花江干流、绥芬河、辽河干流偏多 3～6 成，乌苏里江、鸭绿江、辽东半岛偏多 1 成，额尔古纳河略偏少，黑龙江干流、嫩江、西辽河、浑太河偏少 1～3 成，大小凌河偏少近 10 成。2018 年 2 月松辽流域降水量等值面图和降水量距平图分别见图 2-22、图 2-23。

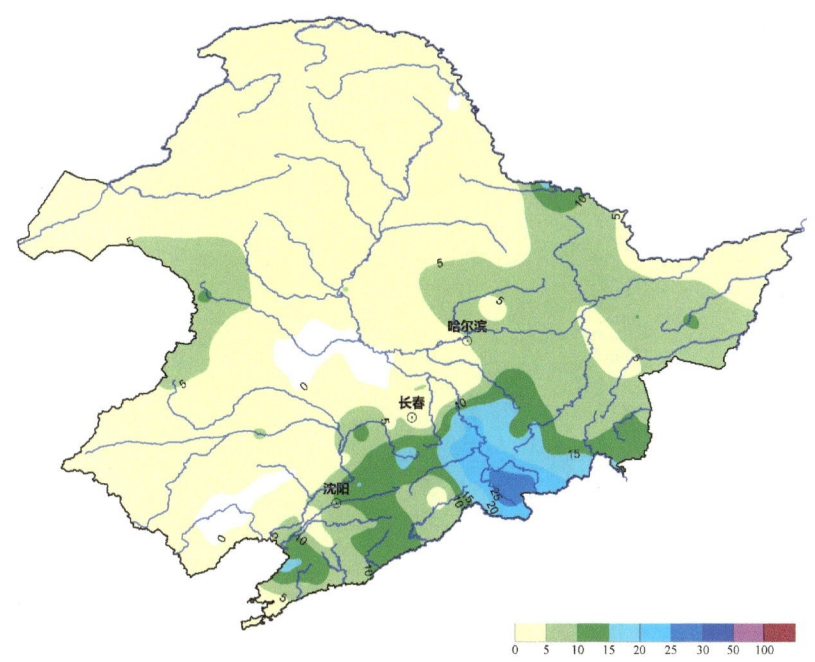

图 2-22　2018 年 2 月松辽流域降水量等值面图（单位：mm）

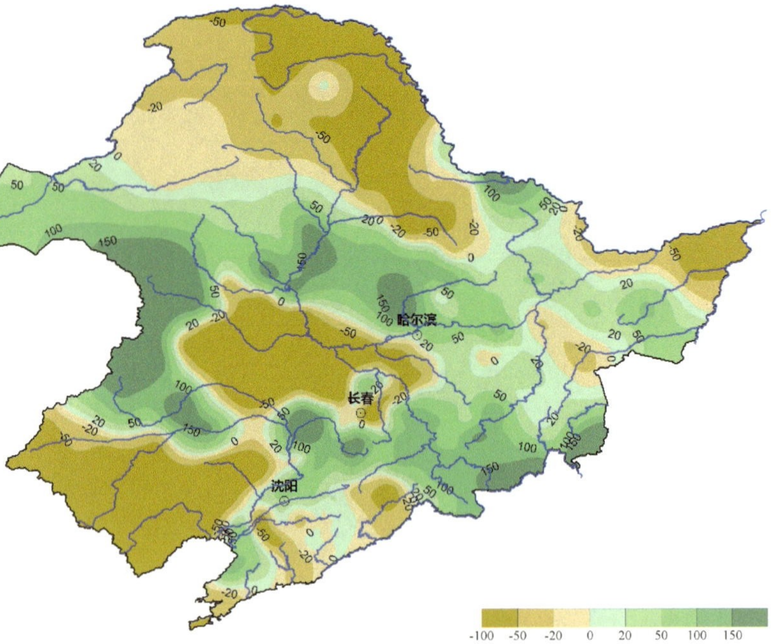

图 2-23 2018 年 2 月松辽流域降水量距平图（单位：%）

3月，松辽流域降水量12.6 mm，较常年同期偏多1成。与常年同期相比，绥芬河偏多1倍以上，额尔古纳河偏多7成，第二松花江、松花江干流、东辽河、大小凌河偏多2～4成，图们江基本持平，西辽河、鸭绿江、辽东半岛偏少3～7成。2018年3月松辽流域降水量等值面图和降水量距平图分别见图2-24、图2-25。

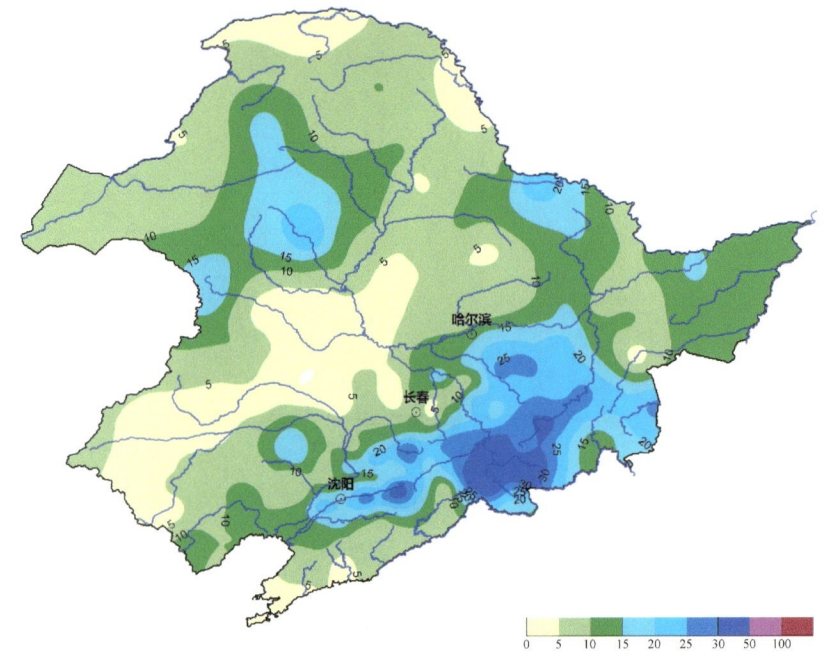

图 2-24 2018 年 3 月松辽流域降水量等值面图（单位：mm）

第二章 雨 情

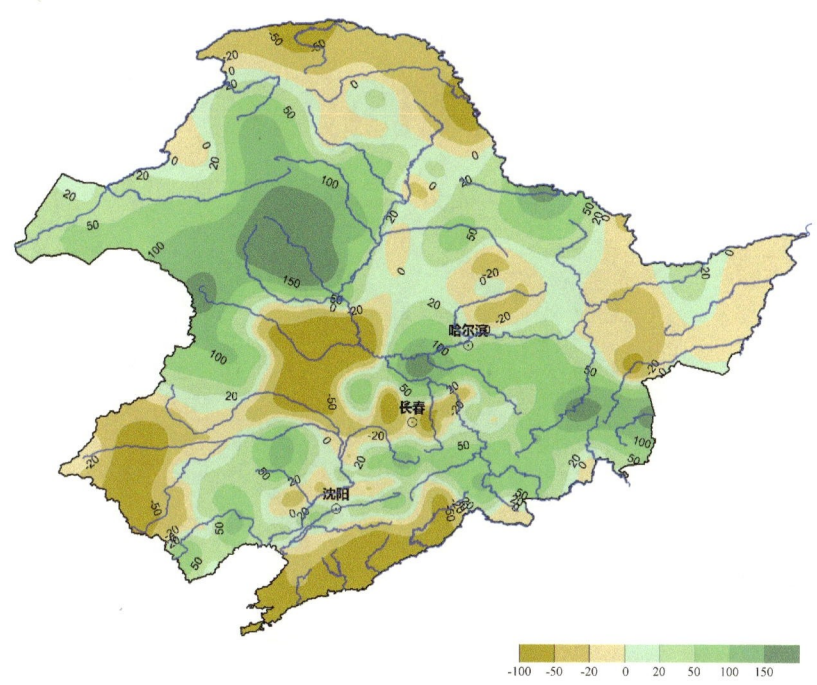

图 2-25 2018 年 3 月松辽流域降水量距平图(单位:%)

4月,松辽流域降水量 25.2 mm,较常年同期偏少近 1 成。与常年同期相比,松花江干流偏多 6 成,乌苏里江、西辽河、大小凌河、辽东半岛偏多 1~3 成,额尔古纳河、绥芬河基本持平,嫩江、第二松花江、辽河干流、图们江、浑太河、鸭绿江偏少 1~3 成,黑龙江干流、东辽河偏少 4~6 成。2018 年 4 月松辽流域降水量等值面图和降水量距平图分别见图 2-26、图 2-27。

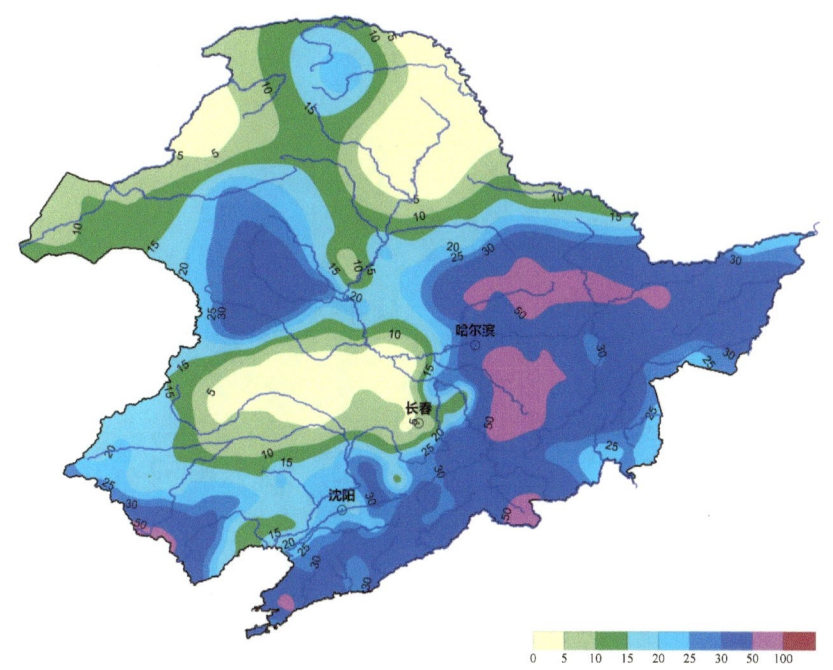

图 2-26 2018 年 4 月松辽流域降水量等值面图(单位:mm)

17

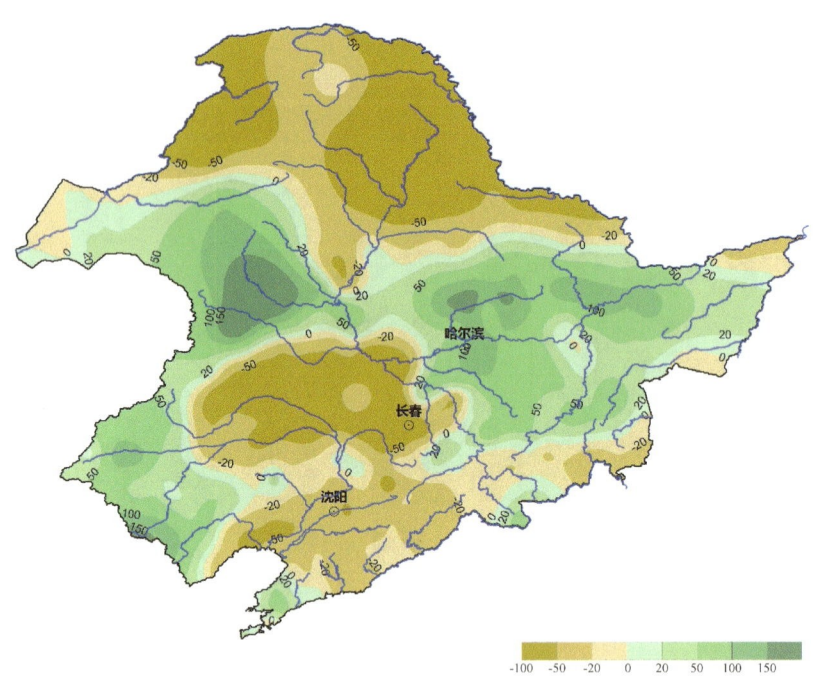

图 2-27　2018 年 4 月松辽流域降水量距平图（单位：%）

5 月，松辽流域降水量 50.0 mm，与常年同期基本持平。与常年同期相比，绥芬河、图们江偏多 6 成，鸭绿江偏多 3 成，乌苏里江偏多近 1 成，额尔古纳河、嫩江、第二松花江、辽河干流、浑太河基本持平，黑龙江干流、东辽河、辽东半岛偏少 1～3 成，松花江干流、西辽河偏少 4～6 成。2018 年 5 月松辽流域降水量等值面图和降水量距平图分别见图 2-28、图 2-29。

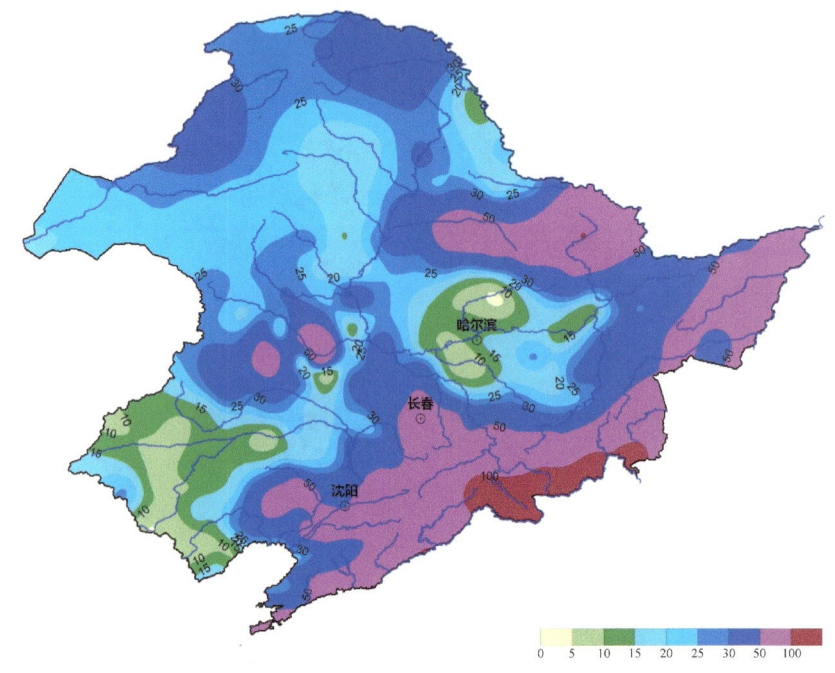

图 2-28　2018 年 5 月松辽流域降水量等值面图（单位：mm）

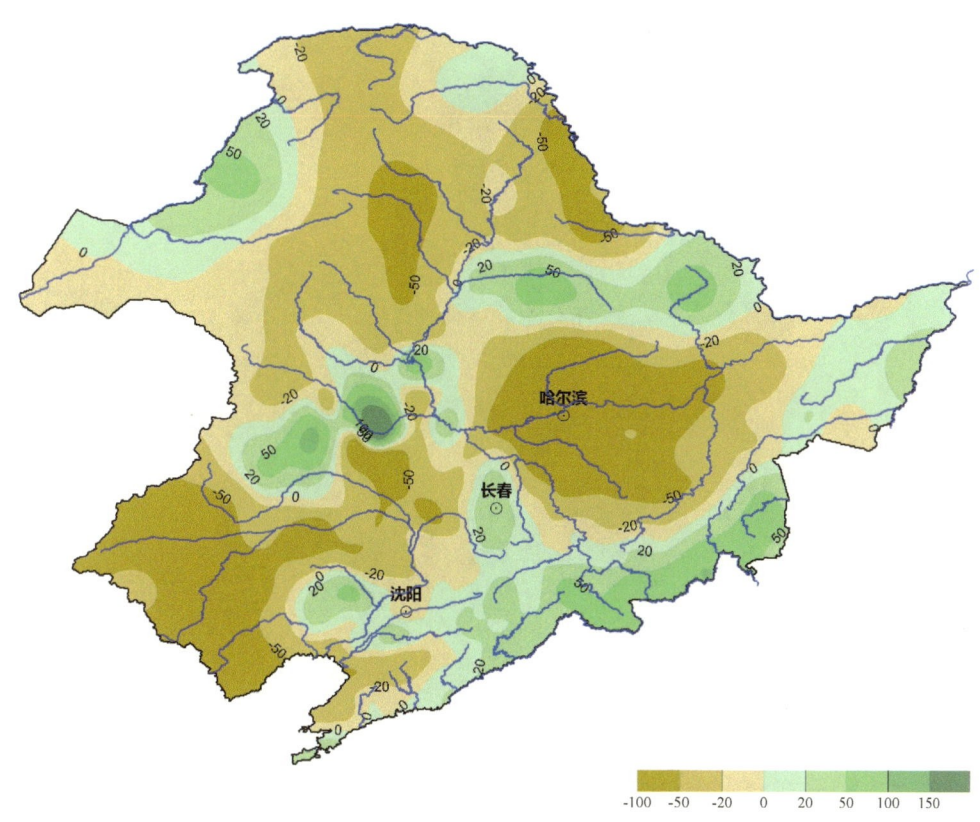

图 2-29　2018 年 5 月松辽流域降水量距平图（单位：%）

6 月，松辽流域降水量 94.1 mm，较常年同期偏多 1 成以上。降水主要集中在 6 月中下旬，降水呈现北多南少的局面。降水主要覆盖黑龙江干流、嫩江中上游、第二松花江上游、松花江干流、鸭绿江、大小凌河上游等地，上述地区一般降水量为 100～200 mm，局部 200～300 mm。6 月累计降水量大于 100、200 mm 的笼罩面积分别为 41.2 万、3.1 万 km²。与常年同期相比，黑龙江干流、嫩江偏多 5 成，其中尼尔基水库以上流域偏多 1 倍，降水列有记录以来多雨年份第 2 位，额尔古纳河、松花江干流偏多 3 成，第二松花江、绥芬河偏多近 1 成，乌苏里江基本持平，东辽河、浑太河、鸭绿江、大小凌河偏少 1～2 成，其他流域偏少 3～4 成，局部偏少 5 成以上。2018 年 6 月松辽流域降水量等值面图和降水量距平图分别见图 2-30、图 2-31。

7 月，松辽流域降水量 133.7 mm，较常年同期略偏少。降水主要集中在 7 月中下旬，降水呈现北多南少的局面，下旬有 1 个台风即"安比"影响流域。主雨区覆盖黑龙江干流、嫩江、第二松花江中上游、松花江干流、乌苏里江、绥芬河、鸭绿江、大小凌河等地，上述地区一般降水量为 100～200 mm，其中嫩江、松花江干流北侧支流呼兰河、汤旺河等一般降水量为 200～300 mm，局地 300～600 mm。7 月累计降水量大于 100、200、300 mm 的笼罩面积分别为 69.0 万、14.5 万、1.7 万 km²。与常年同期相比，额尔古纳河略偏多，黑龙江干流、嫩江、松花江干流、乌苏里江、绥芬河偏多 1～2 成，局部偏多 3～5 成，西辽河、大小凌河偏少 2 成，第二松花江、图们江、东辽河、辽河干流、浑太河、鸭绿江、辽东半岛偏少 4～6 成，其中鸭绿江、辽东半岛列有记录以来少雨年份第 3 位。2018 年 7 月松辽流域降水量等值面图和降水量距平图分别见图 2-32、图 2-33。

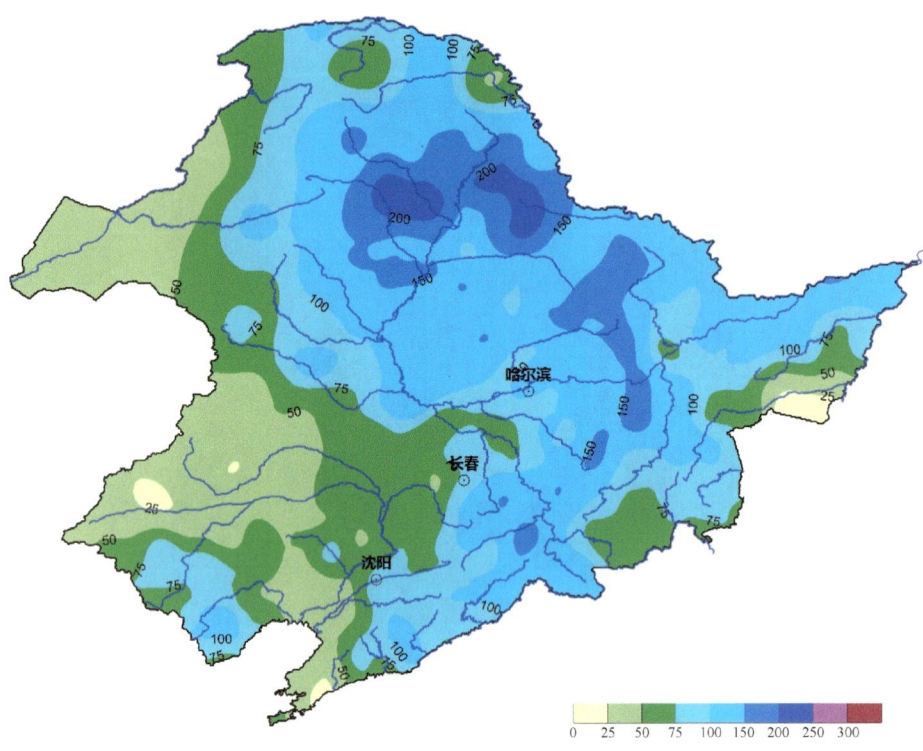

图 2-30 2018 年 6 月松辽流域降水量等值面图(单位:mm)

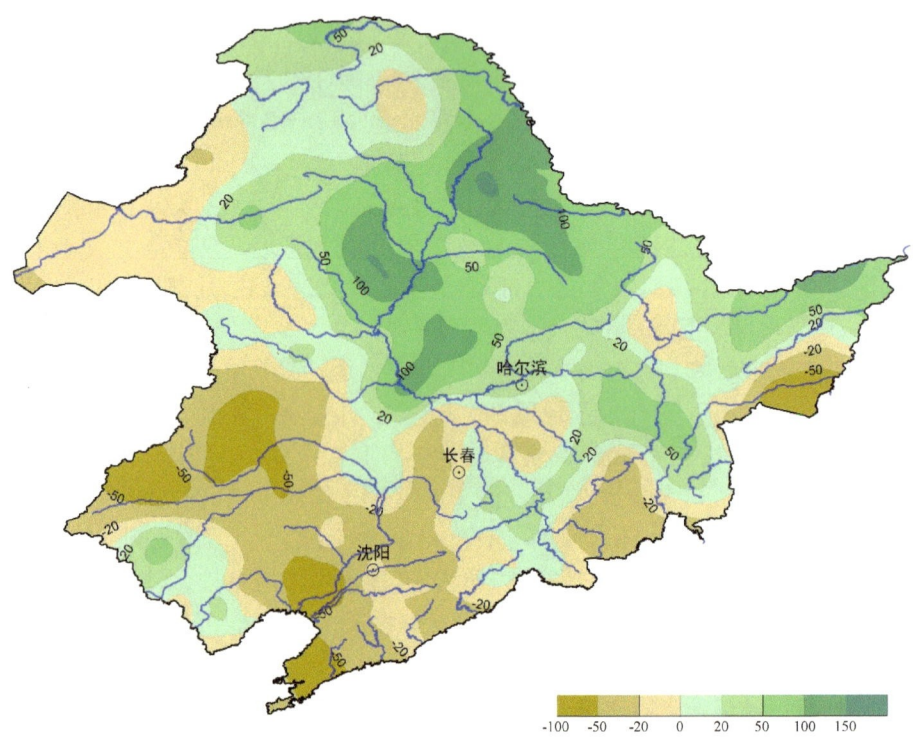

图 2-31 2018 年 6 月松辽流域降水量距平图(单位:%)

第二章 雨 情

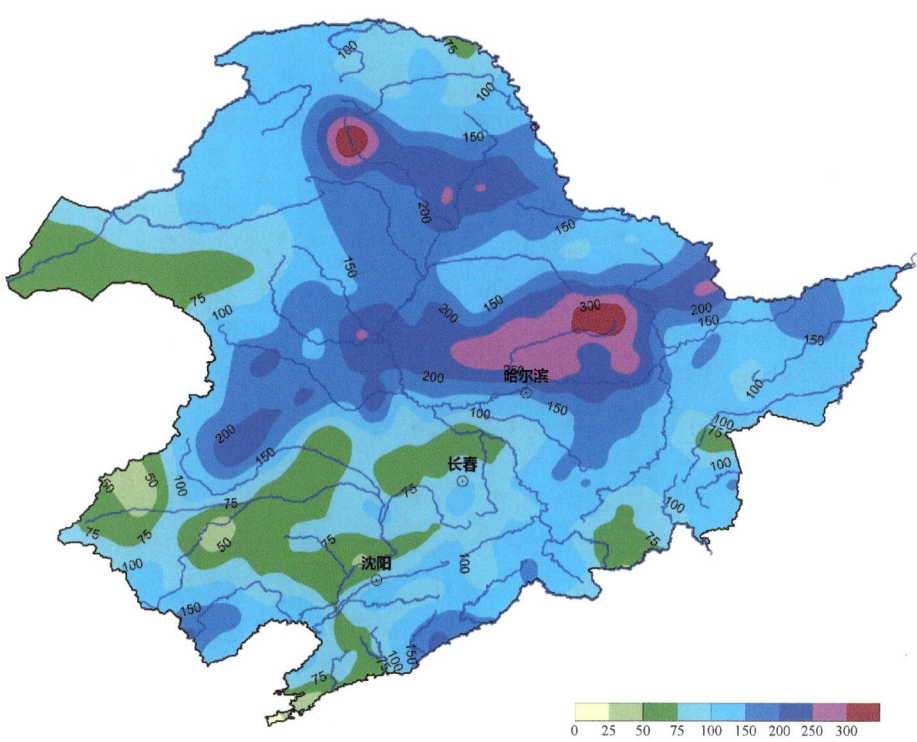

图 2-32 2018 年 7 月松辽流域降水量等值面图（单位：mm）

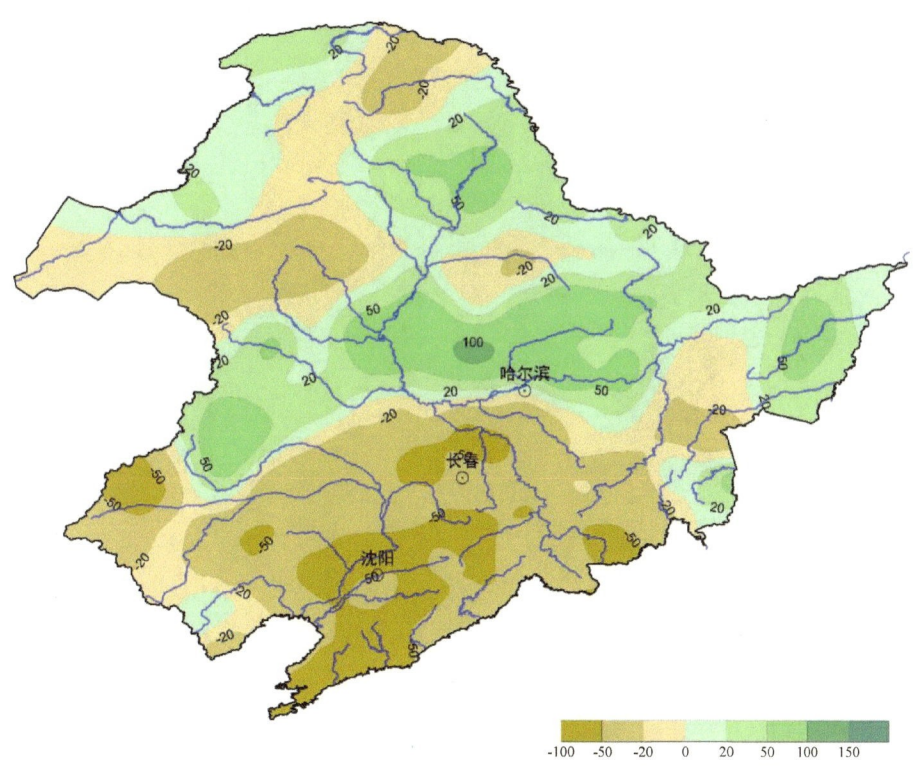

图 2-33 2018 年 7 月松辽流域降水量距平图（单位：%）

8月,松辽流域降水量126.2 mm,较常年同期偏多1成。降水主要集中在8月中下旬,降水呈现南多北少的局面,月内有4个台风即"摩羯""温比亚""苏力""西马仑"影响流域。雨区主要位于流域南部、东南部及北部部分地区,覆盖嫩江上游、第二松花江、松花江干流、乌苏里江上游、图们江、绥芬河、东辽河、西辽河中上游、辽河干流、浑太河、大小凌河上游、鸭绿江、辽东半岛等地,上述地区一般降水量为100～200 mm,其中第二松花江中上游、松花江干流南侧支流拉林河及牡丹江、乌苏里江上游、图们江、绥芬河、大小凌河上游、鸭绿江、辽东半岛等地一般降水量为200～400 mm,局地400～600 mm。8月累计降水量大于100、200、300 mm的笼罩面积分别为53.5万、16.8万、5.0万 km²。与常年同期相比,绥芬河偏多1倍以上,列有记录以来多雨年份第2位,第二松花江、图们江、鸭绿江、辽东半岛偏多5～8成,松花江干流、乌苏里江、东辽河、西辽河、浑太河偏多1～4成,额尔古纳河、黑龙江干流、嫩江、辽河干流、大小凌河偏少1～4成,局部偏少5成以上。2018年8月松辽流域降水量等值面图和降水量距平图分别见图2-34、图2-35。

9月,松辽流域降水量67.6 mm,较常年同期偏多近4成。降水主要集中在9月上旬和下旬。雨区位于流域北部、东南部,主要覆盖嫩江中上游、第二松花江中游、松花江干流南侧支流拉林河、乌苏里江、辽河干流中游、鸭绿江、辽东半岛等地,上述地区一般降水量为100～200 mm,局地200～300 mm。9月累计降水量大于100、200 mm的笼罩面积分别为22.6万、0.5万 km²。与常年同期相比,黑龙江干流、第二松花江、松花江干流、乌苏里江、辽河干流、鸭绿江偏多1～3成,额尔古纳河、嫩江偏多7～8成(嫩江支流甘河、讷谟尔河、乌裕尔河列有记录以来多雨年份第2位),局部偏多1倍以上,浑太河、辽东半岛基本持平,绥芬河、图们江、西辽河、东辽河、大小凌河偏少1～4成。2018年9月松辽流域降水量等值面图和降水量距平图分别见图2-36、图2-37。

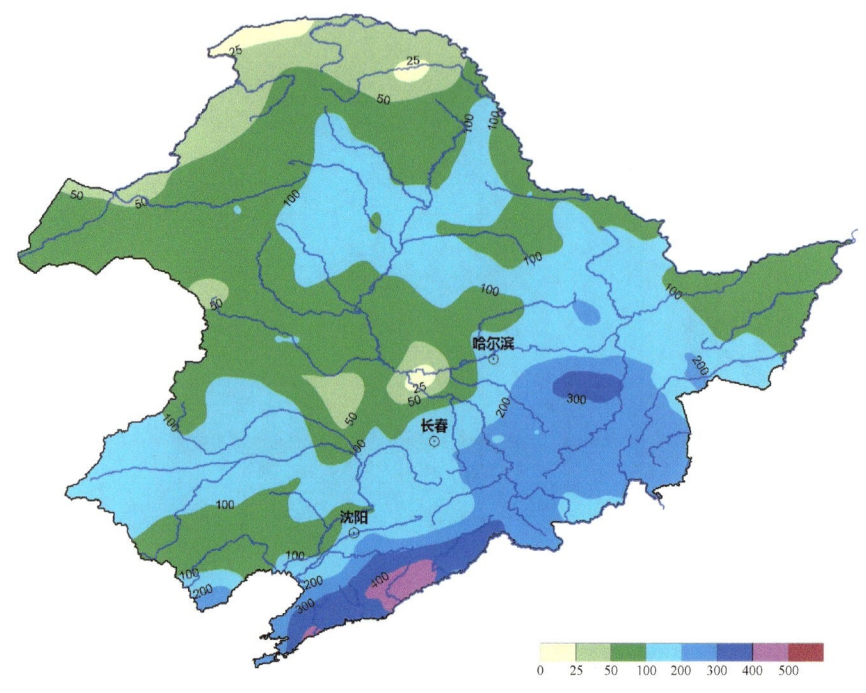

图2-34 2018年8月松辽流域降水量等值面图(单位:mm)

第二章 雨 情

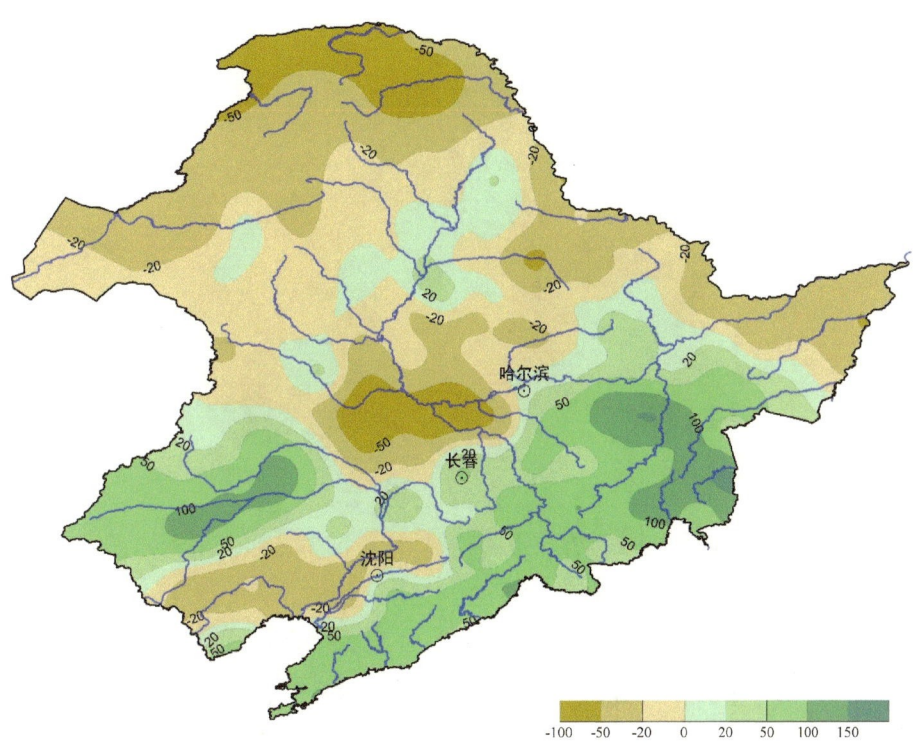

图 2-35 2018 年 8 月松辽流域降水量距平图（单位：%）

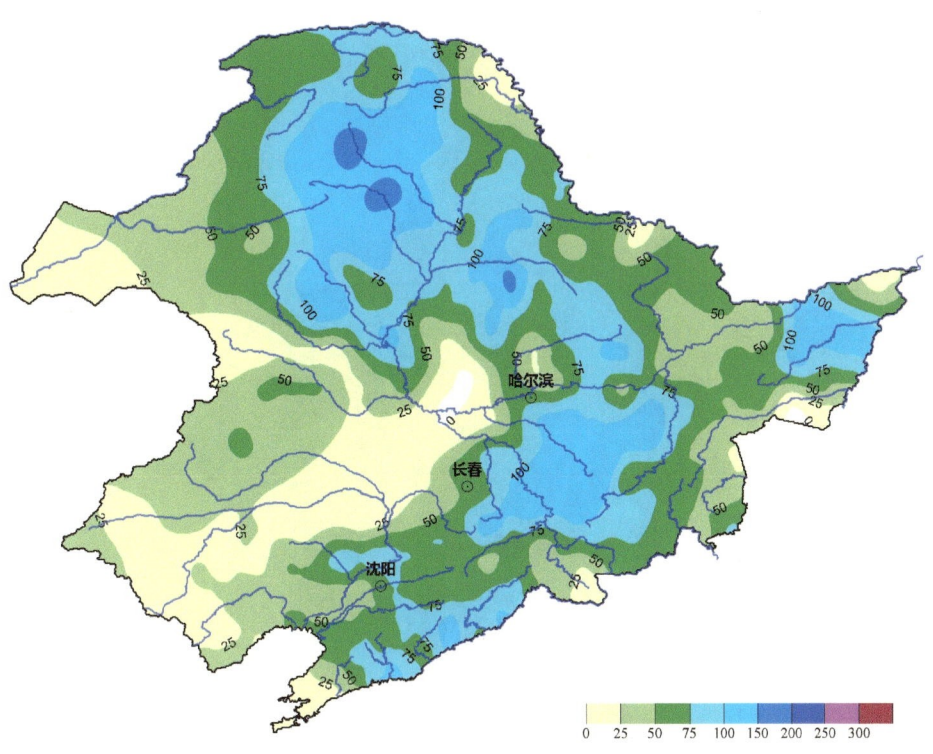

图 2-36 2018 年 9 月松辽流域降水量等值面图（单位：mm）

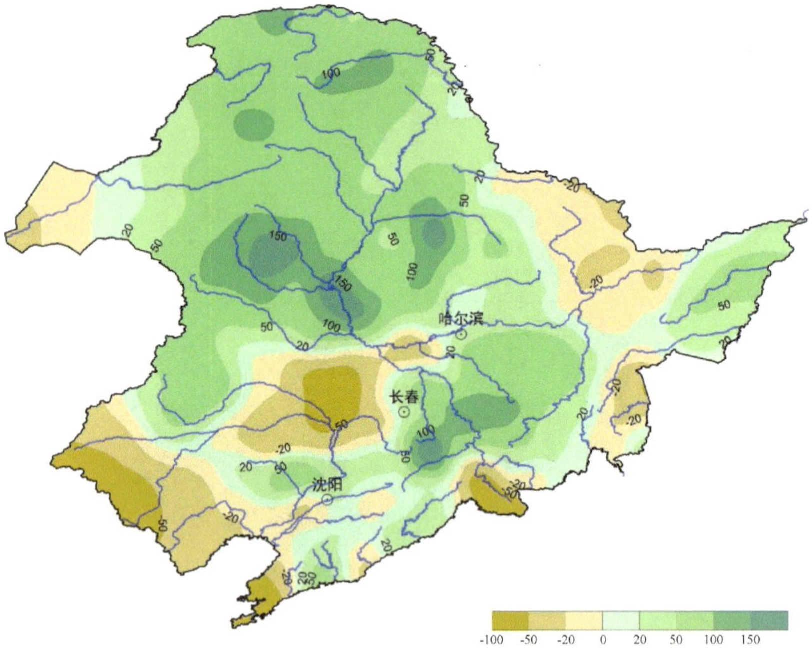

图 2-37　2018 年 9 月松辽流域降水量距平图（单位：%）

10 月，松辽流域降水量 26.0 mm，较常年同期偏少近 1 成。与常年同期相比，第二松花江、绥芬河、图们江、辽东半岛偏多 1～2 成，黑龙江干流、乌苏里江、东辽河、鸭绿江基本持平，额尔古纳河、松花江干流、辽河干流、浑太河偏少 1～3 成，嫩江、西辽河、大小凌河偏少 5～7 成。2018 年 10 月松辽流域降水量等值面图和降水量距平图分别见图 2-38、图 2-39。

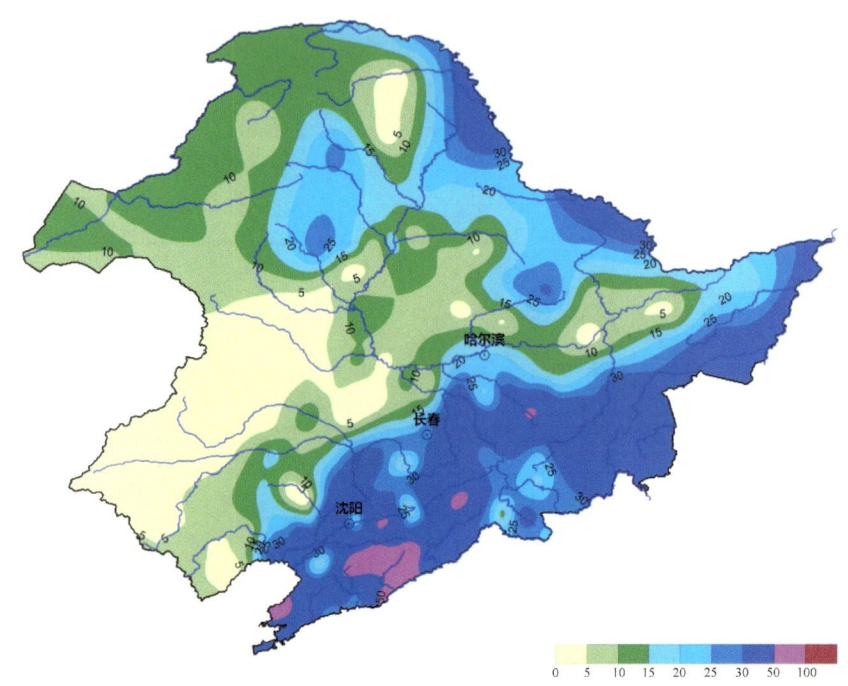

图 2-38　2018 年 10 月松辽流域降水量等值面图（单位：mm）

第二章 雨 情

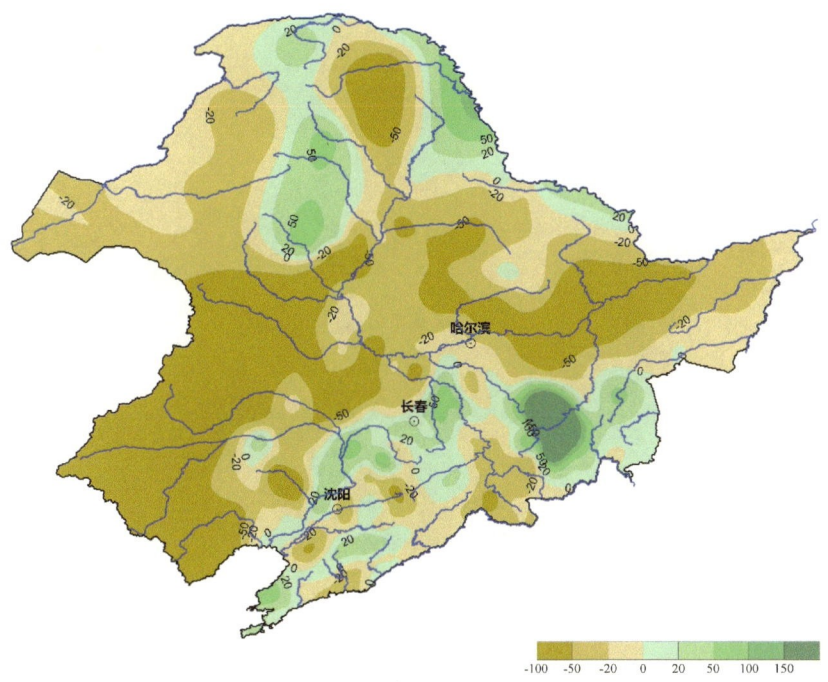

图 2-39 2018 年 10 月松辽流域降水量距平图（单位：%）

11月，松辽流域降水量 15.5 mm，较常年同期偏多 1 成。与常年同期相比，乌苏里江、绥芬河、图们江偏多 1 倍以上，黑龙江干流、松花江干流偏多 4 成，第二松花江基本持平，额尔古纳河、东辽河、鸭绿江、辽东半岛偏少 1～3 成，嫩江、西辽河、辽河干流、浑太河偏少 4～6 成，大小凌河偏少 9 成。2018 年 11 月松辽流域降水量等值面图和降水量距平图分别见图 2-40、图 2-41。

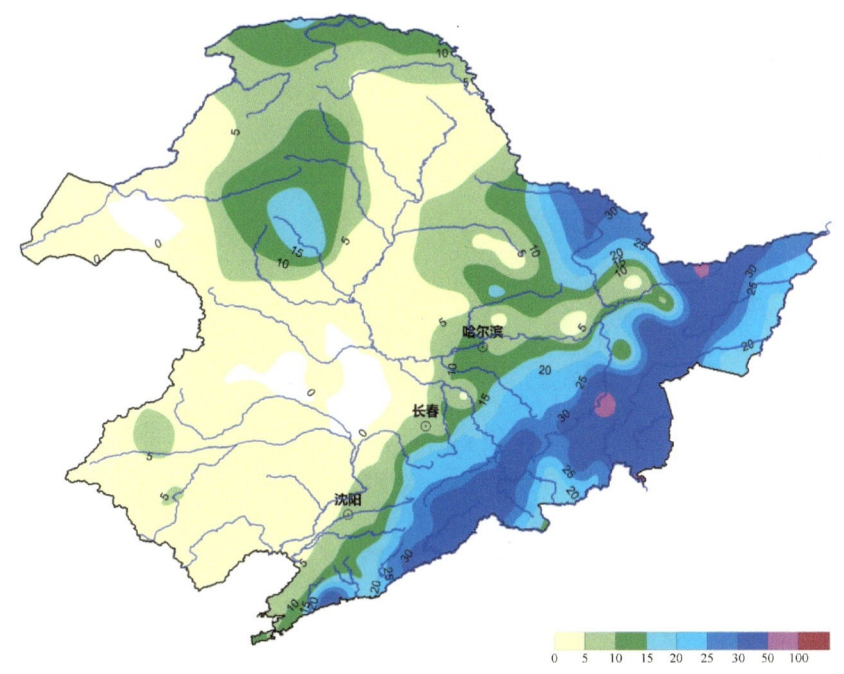

图 2-40 2018 年 11 月松辽流域降水量等值面图（单位：mm）

25

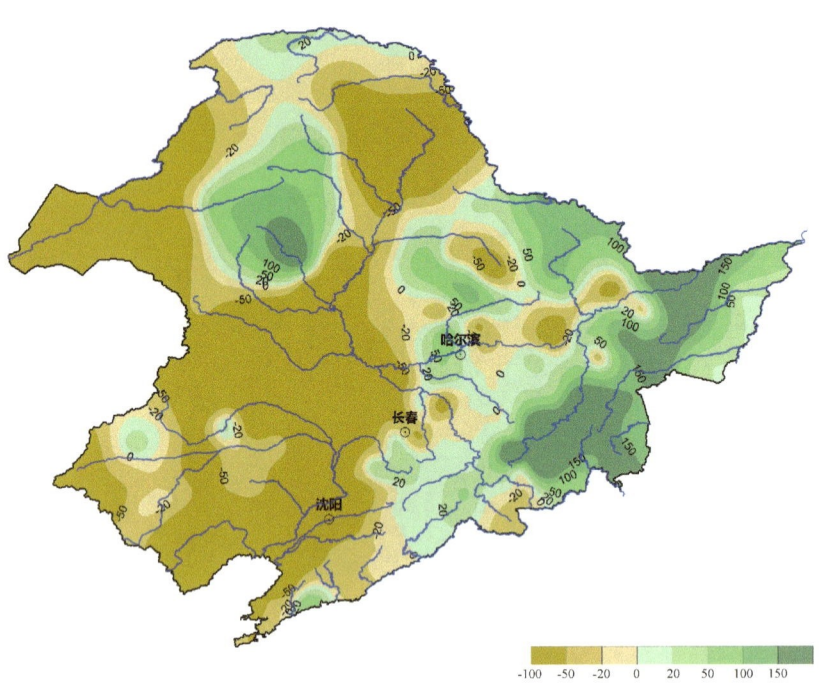

图 2-41 2018年11月松辽流域降水量距平图(单位:%)

12月,松辽流域降水量 5.8 mm,较常年同期偏少近 2 成。与常年同期相比,辽东半岛偏多 6 成,浑太河、绥芬河偏多 1~3 成,图们江、鸭绿江基本持平,额尔古纳河、黑龙江干流、辽河干流、大小凌河偏少 1~3 成,嫩江、第二松花江、松花江干流、乌苏里江、西辽河、东辽河偏少 5~8 成。2018年12月松辽流域降水量等值面图和降水量距平图分别见图 2-42、图 2-43。

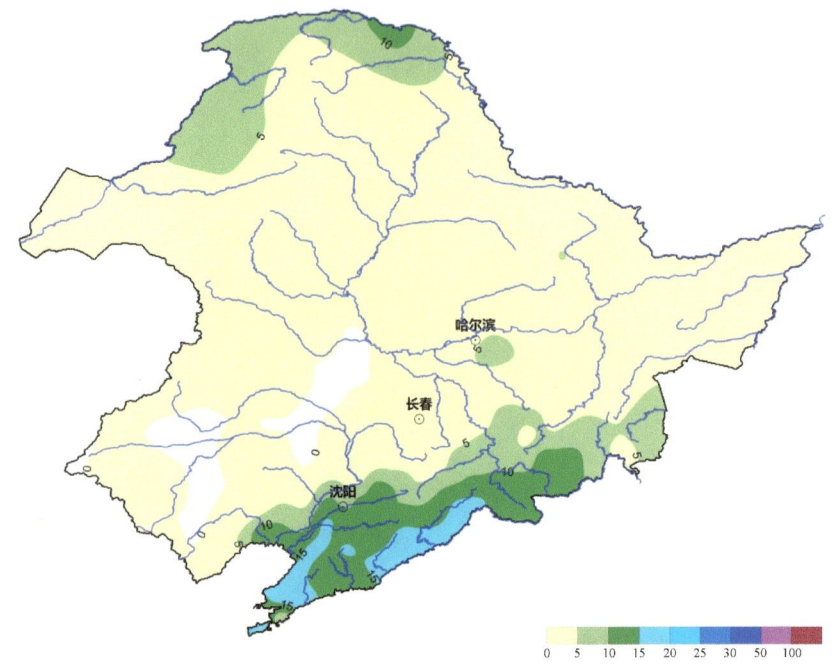

图 2-42 2018年12月松辽流域降水量等值面图(单位:mm)

第二章 雨 情

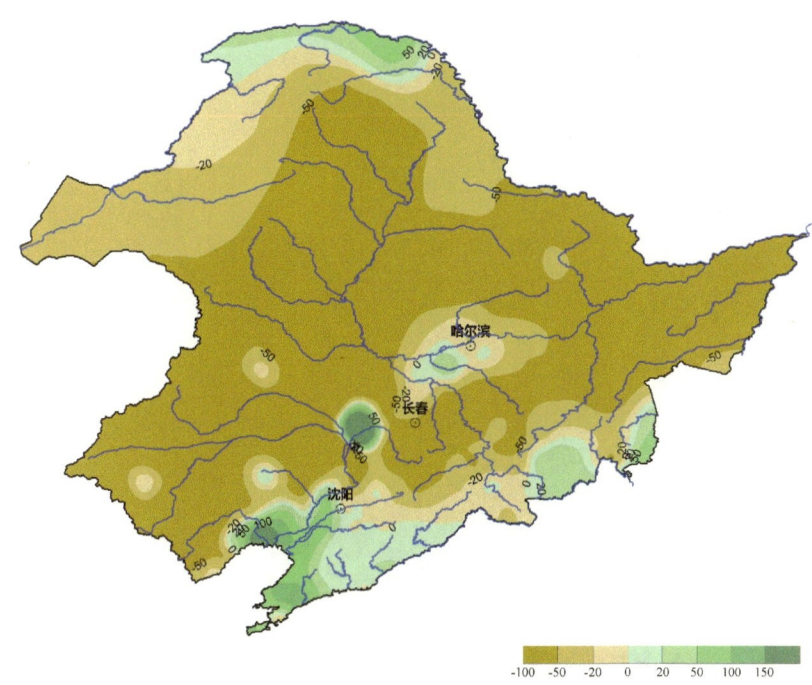

图 2-43 2018年12月松辽流域降水量距平图(单位:%)

五、主要降水过程

2018年汛期,松辽流域共发生20场主要降水过程,其中6月有4场降水过程,7月有5场降水过程,8月有6场降水过程,9月有5场降水过程。

6月13—16日,受高空冷涡和高空槽共同影响,流域北部普降大到暴雨,局地大暴雨,主雨区位于黑龙江干流上游、嫩江中上游、松花江干流中上游、鸭绿江下游等地。最大点雨量为松花江干流嘎马屯站(黑龙江-哈尔滨-肇源)140.5 mm。面雨量较大的区域有尼尔基流域74.8 mm,鸭绿江下游55.3 mm。2018年6月13—16日松辽流域降水量等值面图见图2-44。

6月17—20日,受高空冷涡和低空切变共同影响,流域东部及西南部普降中到大雨,局地暴雨、大暴雨。主雨区位于黑龙江干流中游、嫩江中游、第二松花江、松花江干流、大小凌河上游等地。最大点雨量为第二松花江支流头道松花江郭台子站(吉林-白山-抚松)137.0 mm。本次过程累计降水量大于25、50 mm的笼罩面积分别为23.4万、2.7万 km²。面雨量较大的区域有第二松花江33.7 mm,松花江干流27.3 mm。2018年6月17—20日松辽流域降水量等值面图见图2-45。

6月24—27日,受高空槽和低空切变共同影响,额尔古纳河、嫩江中下游、第二松花江、松花江干流等地普降中到大雨,局地暴雨、大暴雨。最大点雨量为松花江干流西榆树屯站(黑龙江-大庆-肇州)228.5 mm。本次过程累计降水量大于25、50 mm的笼罩面积分别为26.2万、3.4万 km²。面雨量较大的区域有嫩江月亮泡湿地53.0 mm。2018年6月24—27日松辽流域降水量等值面图见图2-46。

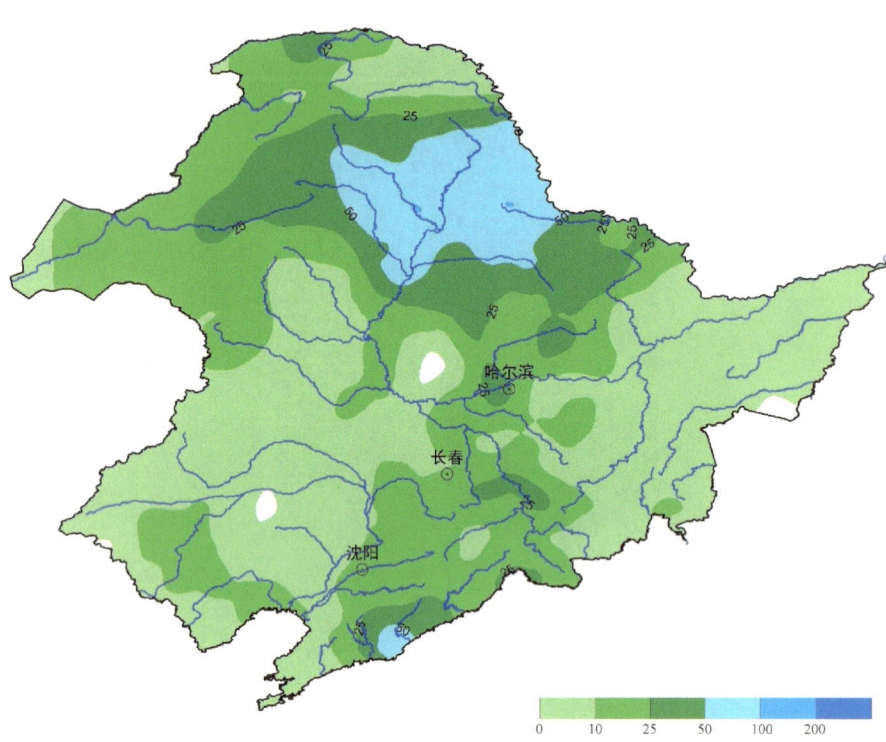

图 2-44 2018年6月13—16日松辽流域降水量等值面图(单位:mm)

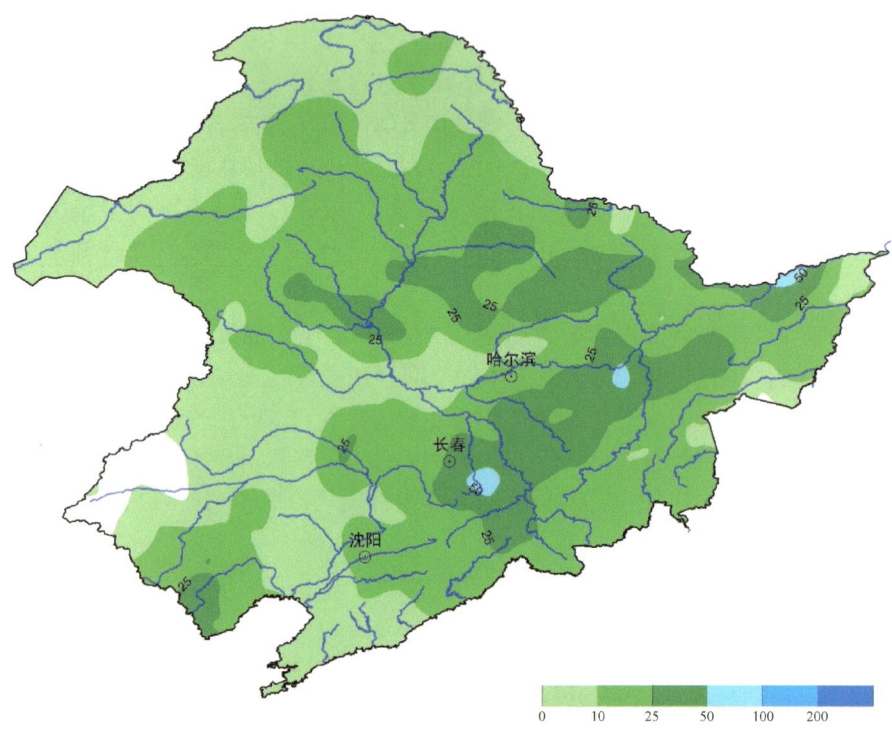

图 2-45 2018年6月17—20日松辽流域降水量等值面图(单位:mm)

第二章 雨 情

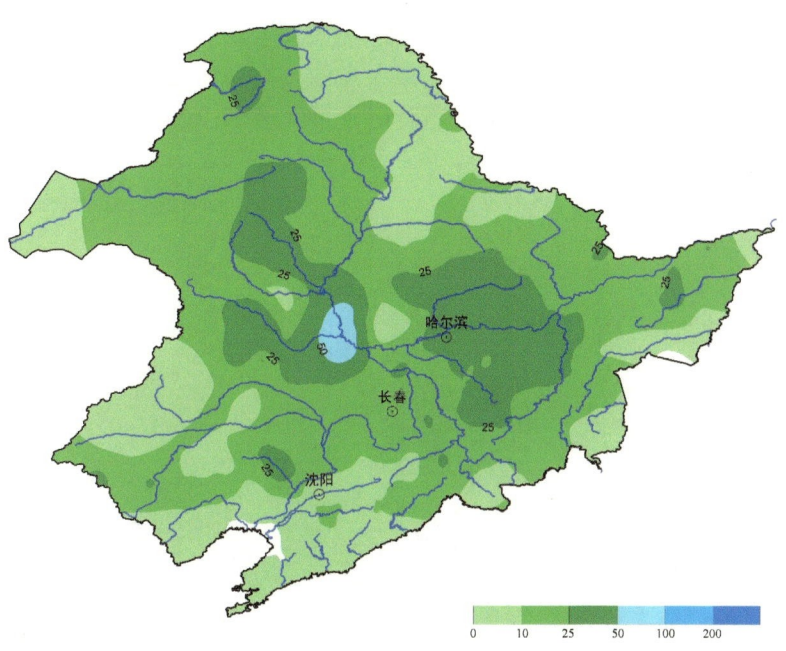

图 2-46 2018 年 6 月 24—27 日松辽流域降水量等值面图(单位:mm)

6月28—30日,受高空槽影响,流域北部出现降水过程,黑龙江干流、嫩江上游、松花江干流下游、乌苏里江等地降中到大雨,局地暴雨。最大点雨量为乌苏里江宝山区新农村站(黑龙江-双鸭山-宝山区)113.0 mm。本次过程累计降水量大于25、50 mm的笼罩面积分别为9.7万、1.0万 km²。面雨量较大的区域有嫩江支流科洛河32.7 mm。2018年6月28—30日松辽流域降水量等值面图见图2-47。

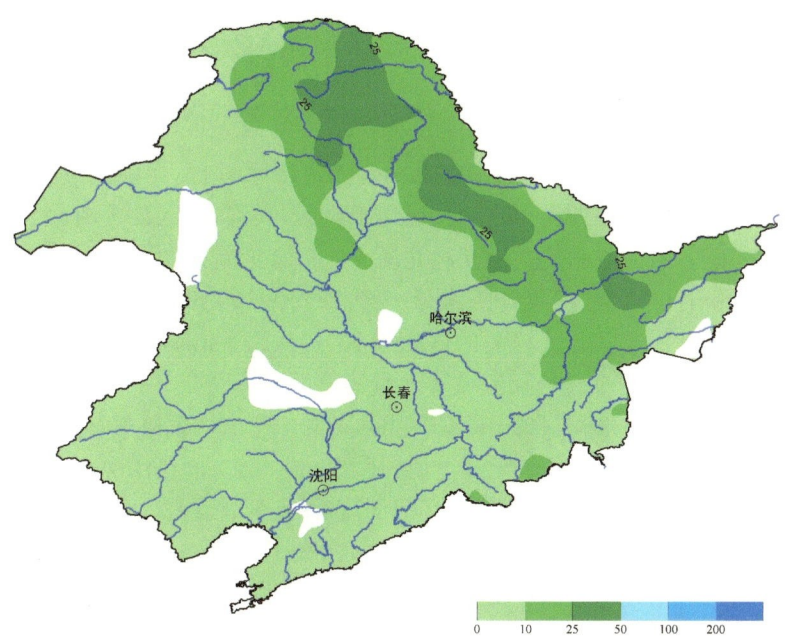

图 2-47 2018 年 6 月 28—30 日松辽流域降水量等值面图(单位:mm)

29

7月1—2日,受高空槽和低空切变共同影响,黑龙江干流中游、嫩江上游、乌苏里江上游、鸭绿江等地降中到大雨,局地暴雨、大暴雨。最大点雨量为乌苏里江支流穆棱河柳毛河村站(黑龙江-鸡西-鸡东)141.0 mm。本次过程累计降水量大于25、50 mm的笼罩面积分别为6.9万、1.7万 km²。面雨量较大的区域有乌苏里江支流穆棱河32.5 mm,鸭绿江中游31.7 mm,嫩江库漠屯以上流域26.1 mm。2018年7月1—2日松辽流域降水量等值面图见图2-48。

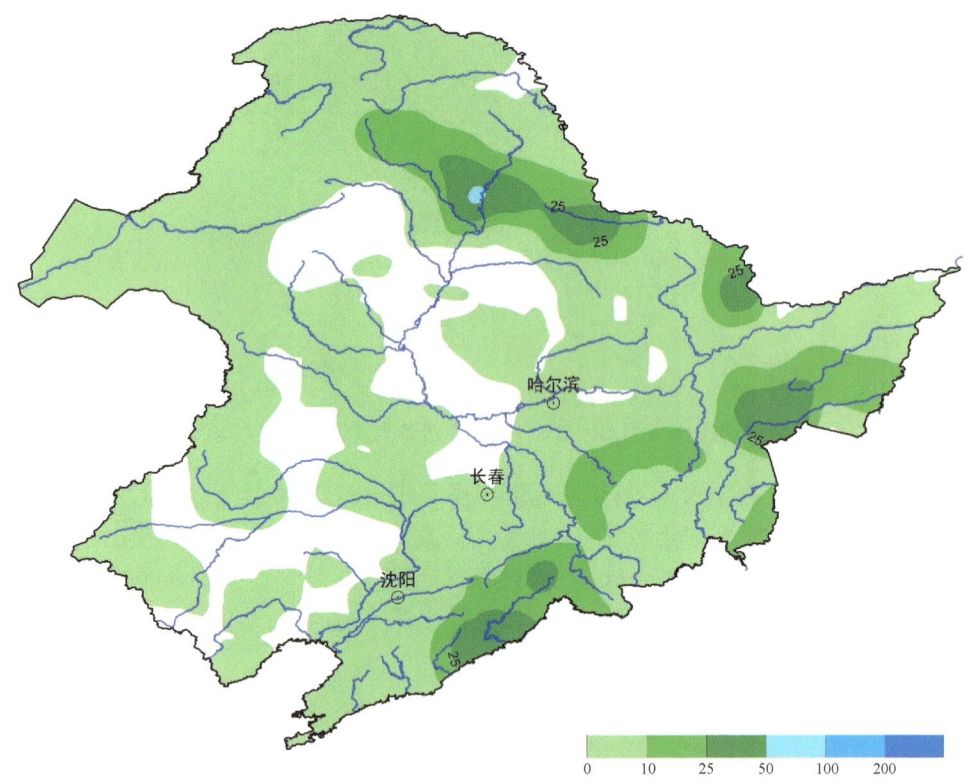

图2-48　2018年7月1—2日松辽流域降水量等值面图(单位:mm)

7月3—9日,受高空槽影响,流域中北部出现明显降水过程,主雨区位于黑龙江干流上游、嫩江、松花江干流中游、绥芬河、东辽河、辽河干流、浑太河、鸭绿江等地,上述地区普降大到暴雨,局地大暴雨。最大点雨量为嫩江洮儿河支流那金河新兴站(内蒙古-兴安盟-科尔沁右翼前旗)188.6 mm。本次过程累计降水量大于25、50、100 mm的笼罩面积分别为56.4万、19.9万、1.1万 km²。面雨量较大的区域有嫩江54.7 mm,东辽河42.0 mm,鸭绿江40.4 mm。2018年7月3—9日松辽流域降水量等值面图见图2-49。

7月11—14日,受高空槽和副高后部切变共同影响,流域北部和东南部地区普降大到暴雨,局地大暴雨。主雨区位于黑龙江干流上游、嫩江上游、第二松花江中上游、松花江干流中游、乌苏里江下游、绥芬河、图们江、东辽河、辽河干流、浑太河、鸭绿江、辽东半岛等地。最大点雨量为第二松花江支流二道河团山子林场站(吉林-吉林-蛟河)169.8 mm。本次过程累计降水量大于25、50、100 mm的笼罩面积分别为44.7万、11.4万、0.7万 km²。面雨量较大的区域有鸭绿江下游62.1 mm,第二松花江丰满水库以上流域55.8 mm,浑太河44.0 mm,松花江干流中游43.2 mm,图们江41.6 mm。2018年7月11—14日松辽流域降水量等值面图见图2-50。

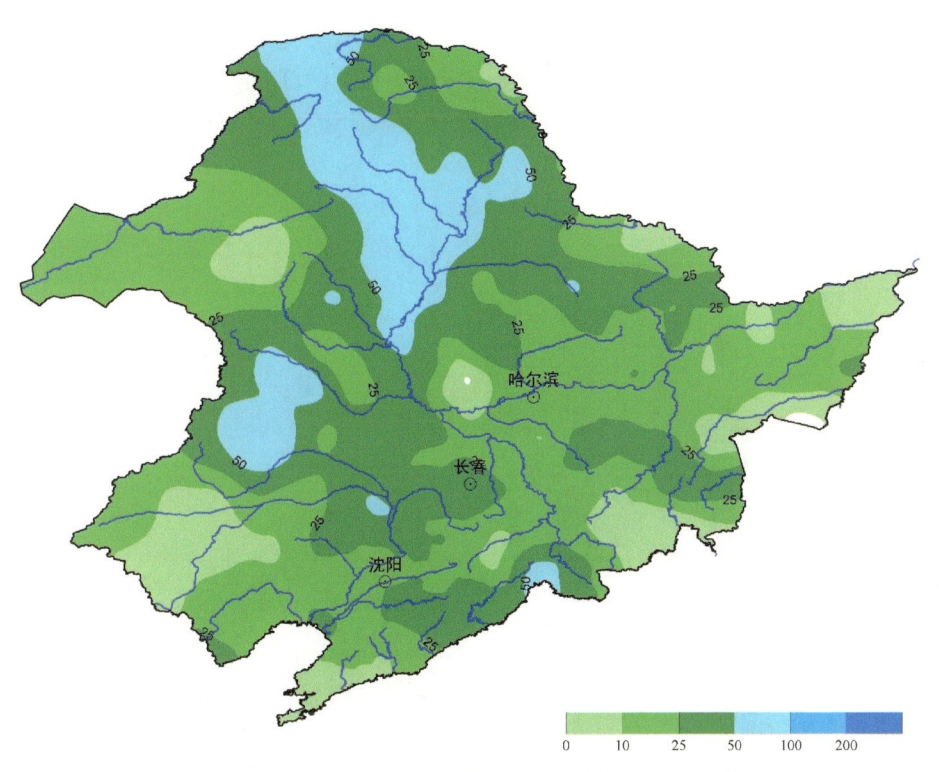

图 2-49　2018 年 7 月 3—9 日松辽流域降水量等值面图（单位：mm）

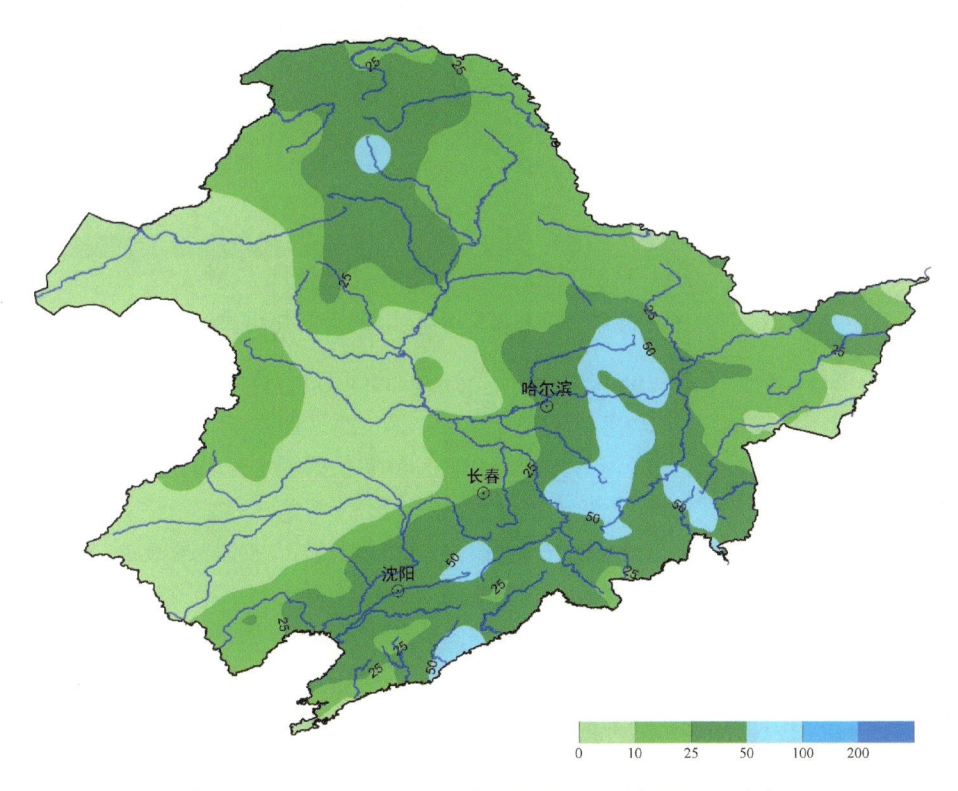

图 2-50　2018 年 7 月 11—14 日松辽流域降水量等值面图（单位：mm）

7月16—21日,受高空槽和副高后部切变共同影响,流域北部及中部地区普降大到暴雨,局地大暴雨、特大暴雨。主雨区位于黑龙江干流中游、嫩江、第二松花江下游、松花江干流中游、乌苏里江等地。最大点雨量为松花江干流支流少陵河龙泉林场站(黑龙江-哈尔滨-巴彦)316.5 mm。本次过程累计降水量大于25、50、100 mm的笼罩面积分别为53.4万、22.3万、5.1万 km^2。面雨量较大的区域有松花江干流60.5 mm,嫩江46.3 mm,黑龙江干流39.5 mm,乌苏里江37.1 mm。2018年7月16—21日松辽流域降水量等值面图见图2-51。

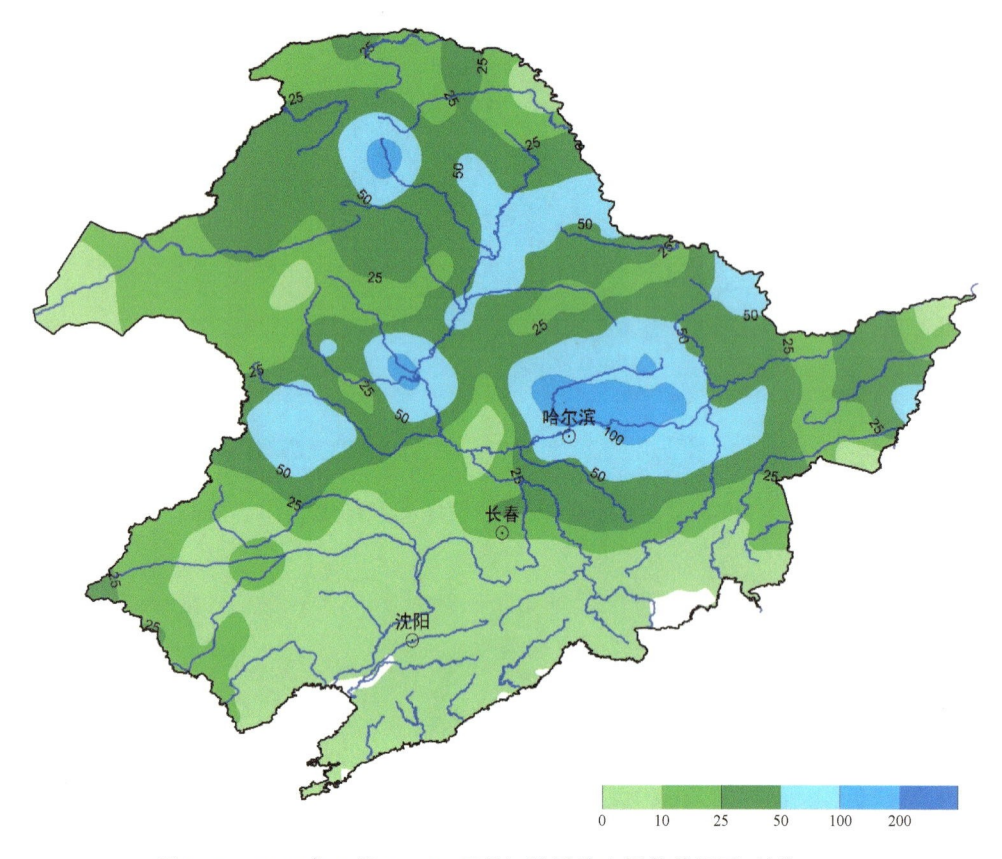

图2-51　2018年7月16—21日松辽流域降水量等值面图(单位:mm)

7月24—25日,受高空槽和台风"安比"残留云系共同影响,流域出现大范围、强降水过程。雨区覆盖流域大部地区,降水高值区位于大小凌河、西辽河支流乌力吉木仁河、嫩江下游、松花江干流支流呼兰河及汤旺河等地,上述地区普降暴雨到大暴雨,局地特大暴雨。最大点雨量位于松花江干流汤旺河支流欧根河卫东林场站(黑龙江-绥化-安庆)273.6 mm。本次过程累计降水量大于25、50、100 mm的笼罩面积分别为40.8万、16.9万、3.9万 km^2。面雨量较大的区域有呼兰河100.4 mm,汤旺河82.7 mm,乌力吉木仁河75.7 mm,大小凌河66.9 mm。2018年7月24—25日松辽流域降水量等值面图见图2-52。本次降水具有以下特点:

降水范围广,暴雨中心多。降水量大于25 mm的笼罩面积占松辽流域面积的30%。本次降水过程共3个暴雨中心,分别为小凌河六家子站(辽宁-朝阳-朝阳)224.5 mm,西辽河乌力吉木仁河哈日朝鲁站(内蒙古-通辽-扎鲁特旗)231.4 mm,松花江干流汤旺河支流欧根河保马农场站(黑龙江-伊春-铁力)251.0 mm。

强降水集中区域中,多地日降水量超历史记录。西辽河乌力吉木仁河7月24日最大日雨量为哈日朝鲁站(内蒙古-通辽-扎鲁特旗)231.2 mm,超过本流域水文部门有记录以来最大日雨量143.6 mm(乌力吉木仁河梅林庙站,1962年7月25日);松花江干流支流呼兰河流域7月24日最大日雨量为欧根河卫东林场站218.0 mm,超过本流域水文部门有记录以来最大日雨量215.0 mm(呼兰河支流依吉密河鹿鸣站,1968年7月25日)。

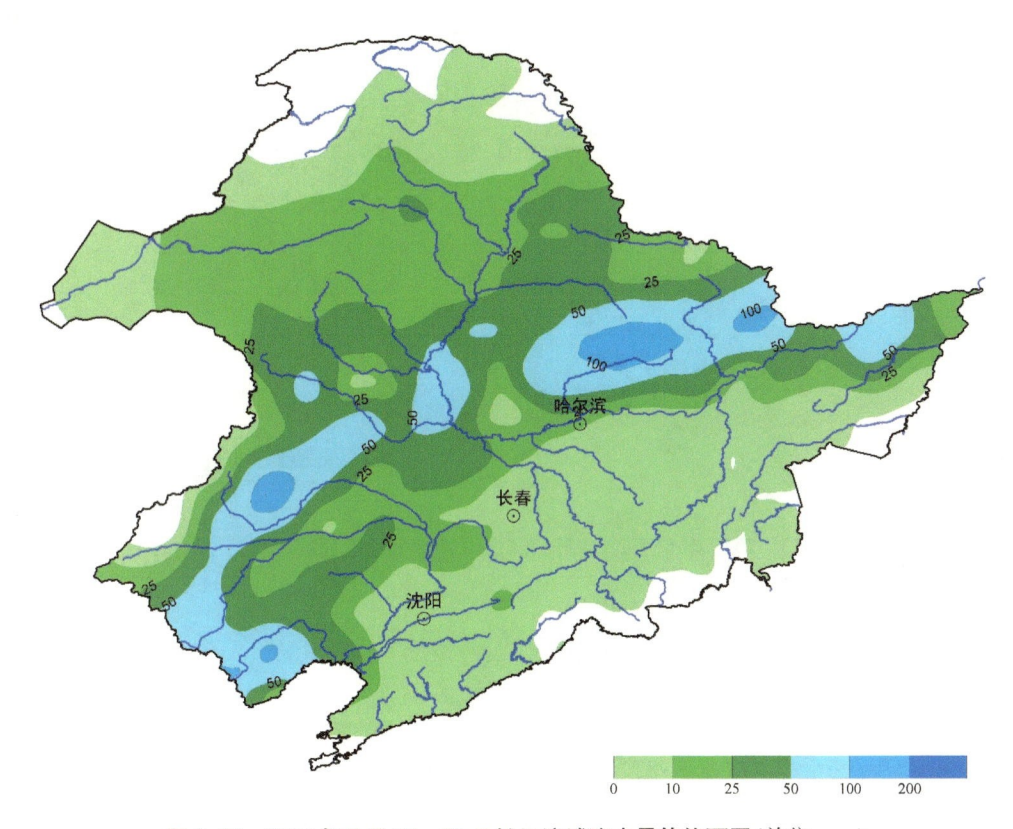

图 2-52　2018年7月24—25日松辽流域降水量等值面图(单位:mm)

8月2—4日,受副高后部切变影响,流域北部普降大到暴雨,局地大暴雨,主雨区位于嫩江中上游、松花江干流中下游、乌苏里江上游、绥芬河等地。最大点雨量为松花江干流支流巴兰河清源林场站(黑龙江-伊春-铁力市)143.5 mm。本次过程累计降水量大于25、50、100 mm的笼罩面积分别为31.5万、13.6万、1.1万 km^2。面雨量较大的区域有绥芬河46.5 mm,松花江干流39.4 mm,乌苏里江34.8 mm,嫩江29.6 mm。2018年8月2—4日松辽流域降水量等值面图见图2-53。

8月6—8日,受高空槽和副高后部切变共同影响,流域东南部普降大到暴雨,局地大暴雨,主雨区位于图们江、浑太河、鸭绿江、大小凌河上游、辽东半岛等地。最大点雨量为浑河支流陡岭子河眼望水库站(辽宁-抚顺-抚顺)268.0 mm。本次过程累计降水量大于25、50、100 mm的笼罩面积分别为12.7万、4.5万、1.5万 km^2。面雨量较大的区域有鸭绿江64.6 mm,浑太河57.4 mm,辽东半岛57.2 mm,图们江40.3 mm。2018年8月6—8日松辽流域降水量等值面图见图2-54。

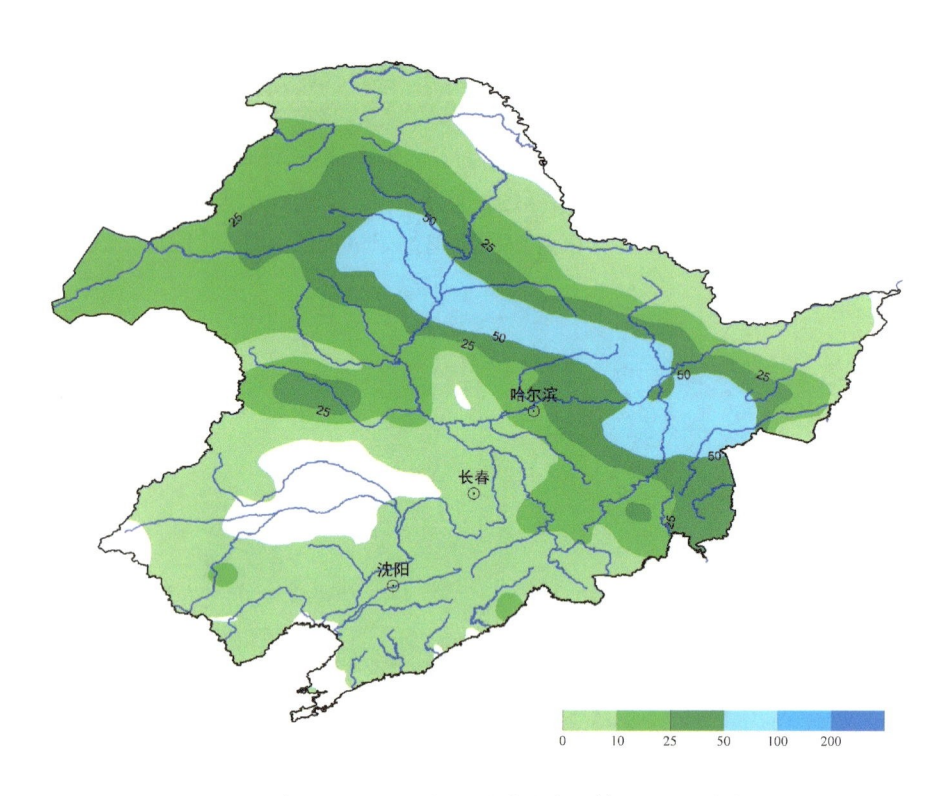

图 2-53　2018 年 8 月 2—4 日松辽流域降水量等值面图(单位:mm)

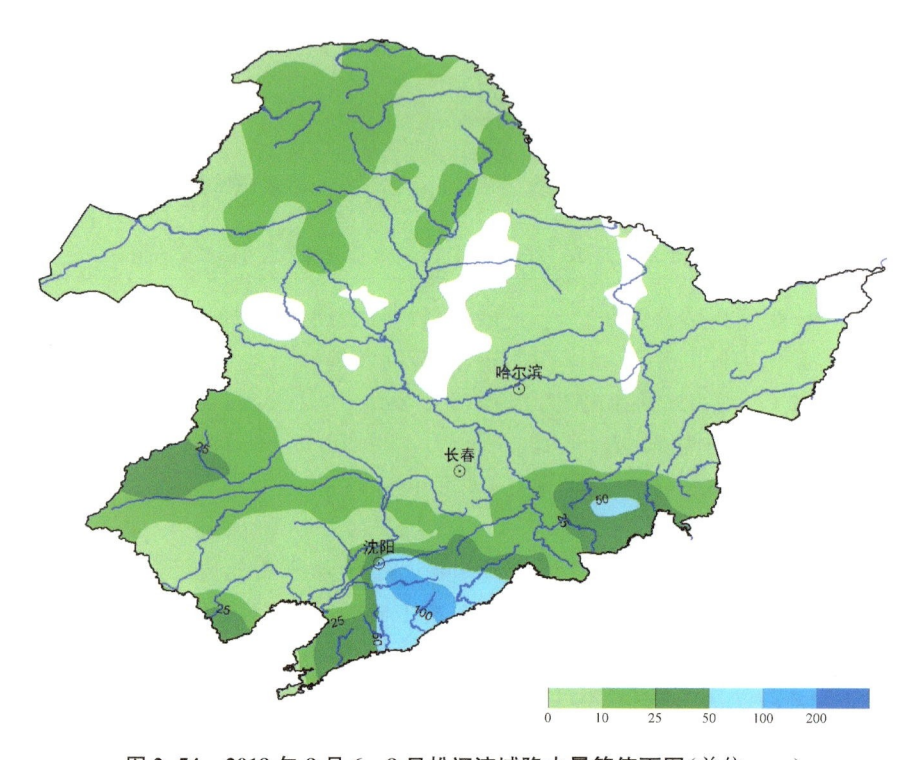

图 2-54　2018 年 8 月 6—8 日松辽流域降水量等值面图(单位:mm)

8月12—15日,受14号台风"摩羯"和冷空气共同影响,流域东南部普降大到暴雨,局地大暴雨、特大暴雨,主雨区位于第二松花江、绥芬河、图们江、东辽河、辽河干流、浑太河、鸭绿江、大小凌河、辽东半岛等地。上述地区最大点雨量为鸭绿江支流安平河太平川站(辽宁-丹东-宽甸)338.0 mm。本次过程累计降水量大于25、50、100 mm的笼罩面积分别为31.9万、16.1万、3.9万 km²。面雨量较大的区域有辽东半岛111.4 mm,东辽河71.9 mm,第二松花江70.7 mm,鸭绿江69.1 mm,辽河干流67.4 mm,浑太河64.9 mm,图们江57.6 mm。2018年8月12—15日松辽流域降水量等值面图见图2-55。

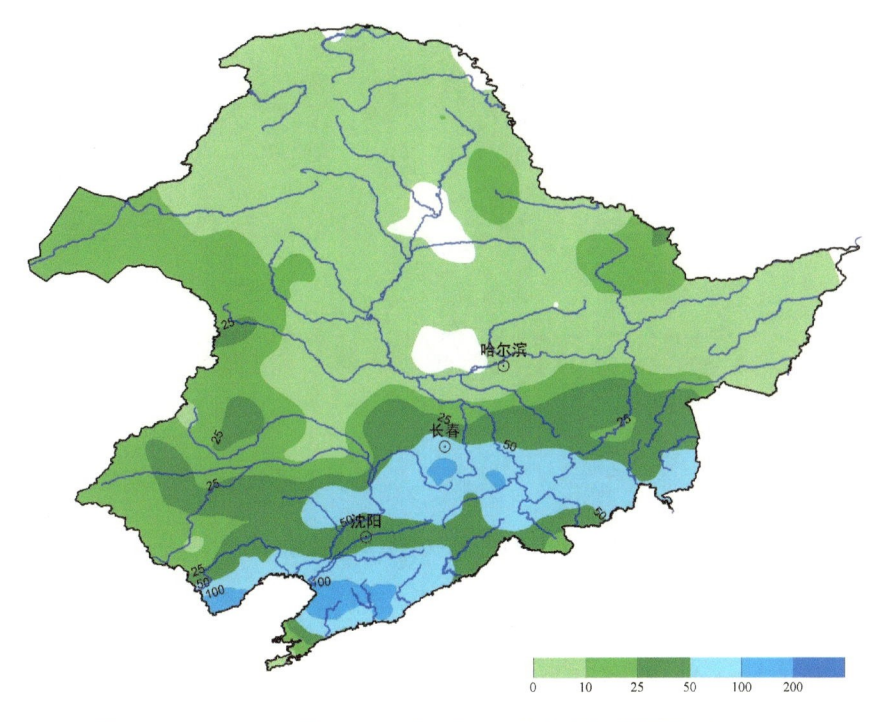

图2-55 2018年8月12—15日松辽流域降水量等值面图(单位:mm)

8月19—21日,受18号台风"温比亚"和高空槽共同影响,流域东南部普降大到暴雨,局地大暴雨,主雨区位于黑龙江干流中游、嫩江上游、松花江干流北侧支流汤旺河及南侧支流拉林河、第二松花江中上游、图们江、浑太河、鸭绿江、辽东半岛等地。上述地区最大点雨量为辽东半岛石河站(辽宁-大连-普湾新区)281.5 mm。本次过程累计降水量大于25、50、100 mm的笼罩面积分别为30.7万、8.9万、2.5万 km²。面雨量较大的区域有辽东半岛142.9 mm,鸭绿江90.9 mm,绥芬河41.8 mm,浑太河39.0 mm,图们江34.2 mm,第二松花江丰满以上32.7 mm。2018年8月19—21日松辽流域降水量等值面图见图2-56。

8月23—25日,受19号台风"苏力"、20号台风"西马仑"和高空冷涡共同影响,松辽流域中东部出现大范围、高强度降水过程。强降水自23日20时由流域东南部的鸭绿江、第二松花江上游、图们江开始,受高空冷涡影响,降水中心逐渐向北扩展,移至松花江干流中上游区域,降水高值区位于第二松花江中上游、松花江干流中上游、图们江、绥芬河、鸭绿江中上游等地,上述地区普降大到暴雨,局地大暴雨。最大点雨量为鸭绿江支流浑江东胜站(吉林-白山-江源)226.4 mm。本次过程累计降水量大于25、50、100 mm的笼罩面积分别为26.6

万、13.3万、3.0万 km²。面雨量较大的区域有绥芬河 84.6 mm,鸭绿江 63.7 mm,图们江 54.9 mm,第二松花江 54.1 mm,松花江干流 49.5 mm。2018年8月23—25日松辽流域降水量等值面图见图 2-57。本次降水具有以下特点:

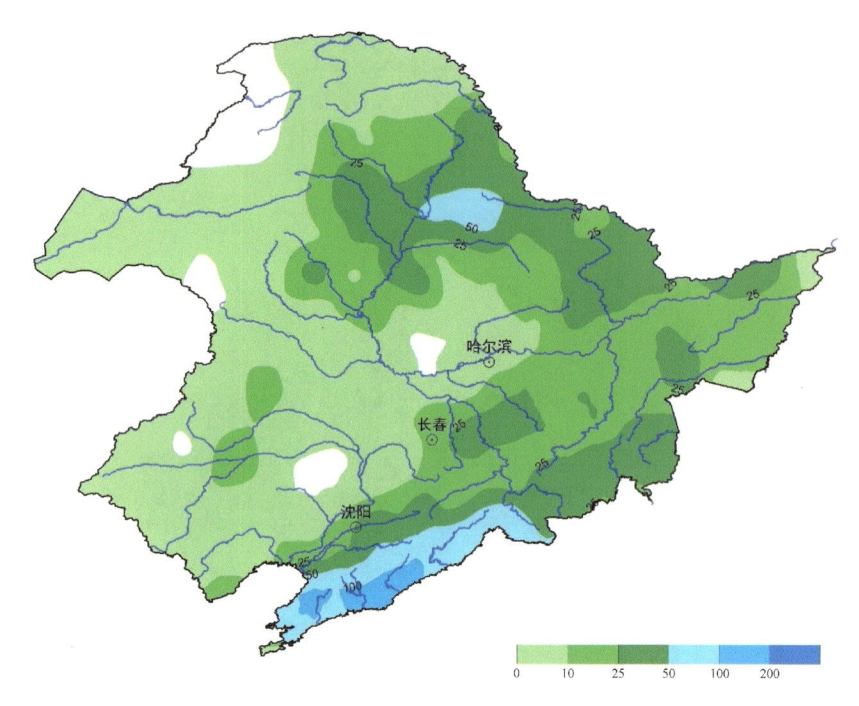

图 2-56　2018 年 8 月 19—21 日松辽流域降水量等值面图(单位:mm)

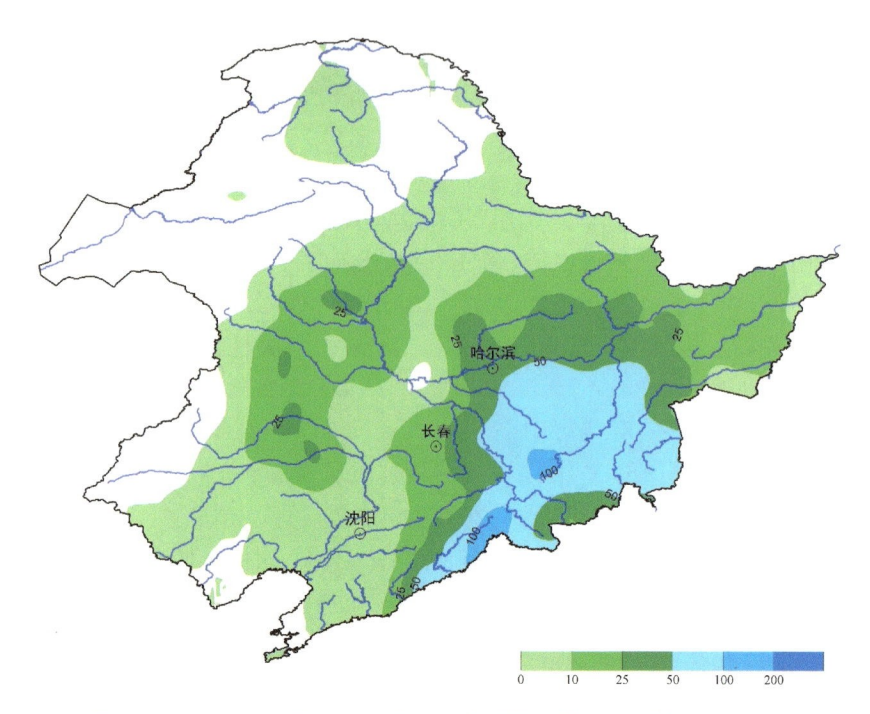

图 2-57　2018 年 8 月 23—25 日松辽流域降水量等值面图(单位:mm)

降水范围广,暴雨中心多。本次降水量大于 25 mm 的笼罩面积为 26.6 万 km²,占松辽流域面积的 22%。本次降水过程由流域东南部逐渐向北扩展至松花江干流中上游,共形成 3 个暴雨中心,分别为鸭绿江支流浑江东胜站(吉林-白山-江源)226.4 mm,第二松花江支流大北岔河光明站(吉林-白山-靖宇)182.2 mm,松花江干流牡丹江支流黄泥河黄泥河站(吉林-延边-敦化)161.2 mm。

受双台风水汽影响,降水持续时间长。本次降水过程受 19 号台风"苏力"、20 号台风"西马仑"外围水汽和高空冷涡共同影响,台风水汽自 23 日 8 时影响松辽流域,25 日 20 时左右影响结束,持续近 3 天。

降水高值区与 18 号台风"温比亚"影响区域重合。本次主雨区中的鸭绿江、第二松花江上游与 18 号台风"温比亚"影响区域重合。

8 月 28—30 日,受高空槽和低空切变共同影响,西辽河中下游、东辽河、辽河干流上游、第二松花江中下游、松花江干流南侧支流、乌苏里江、鸭绿江中游等地普降大到暴雨,局地大暴雨。最大点雨量为松花江干流支流拉林河青山屯站(黑龙江-哈尔滨-五常)148.0 mm。本次过程累计降水量大于 25、50、100 mm 的笼罩面积分别为 21.9 万、5.2 万、0.4 万 km²。面雨量较大的区域有松花江干流支流拉林河 61.3 mm,东辽河 48.3 mm,第二松花江中下游 41.9 mm,鸭绿江中游 34.6 mm,乌苏里江支流穆棱河 32.8 mm。2018 年 8 月 28—30 日松辽流域降水量等值面图见图 2-58。

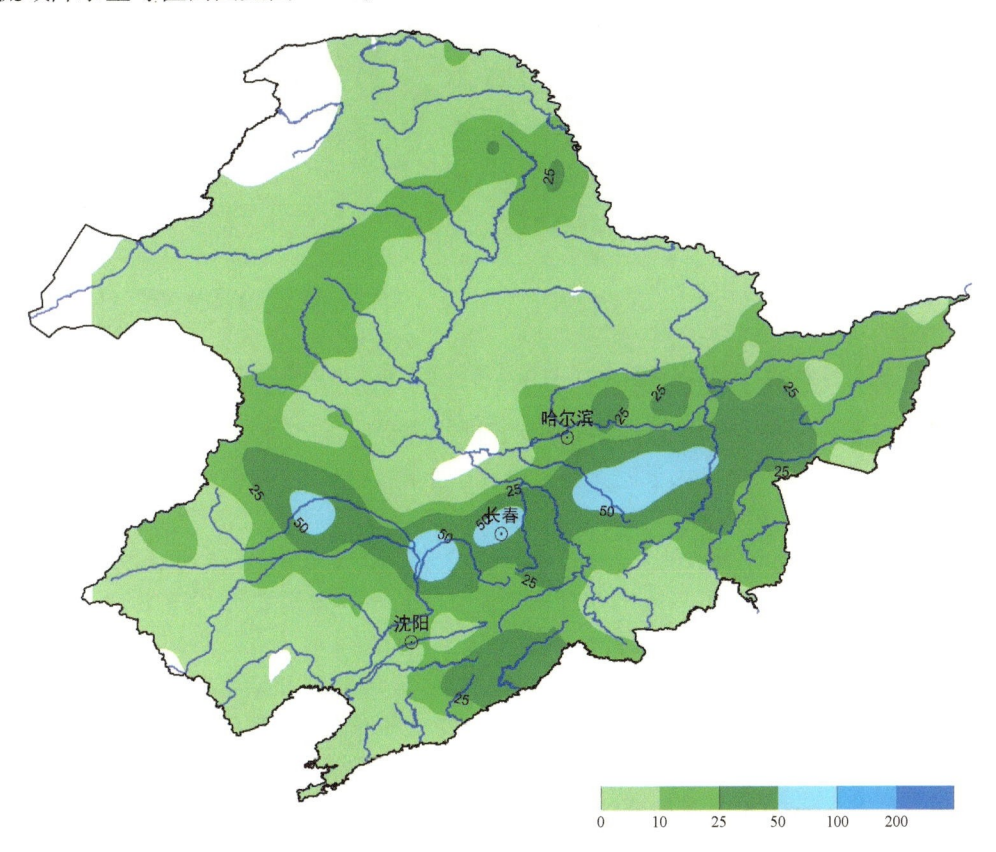

图 2-58　2018 年 8 月 28—30 日松辽流域降水量等值面图(单位:mm)

9月1—5日,受高空冷涡、低空切变的共同影响,流域北部及东部普降大到暴雨,局地大暴雨,主雨区位于黑龙江干流、嫩江中上游、松花江干流、乌苏里江等地。最大点雨量为嫩江支流乌裕尔河三八水库站(黑龙江-齐齐哈尔-克东)179.6 mm。本次过程累计降水量大于25、50、100 mm的笼罩面积分别为53.1万、17.9万、1.8万 km²。面雨量较大的区域有嫩江45.9 mm,黑龙江干流33.1 mm,额尔古纳河27.9 mm,松花江干流29.0 mm,乌苏里江28.2 mm。2018年9月1—5日松辽流域降水量等值面图见图2-59。

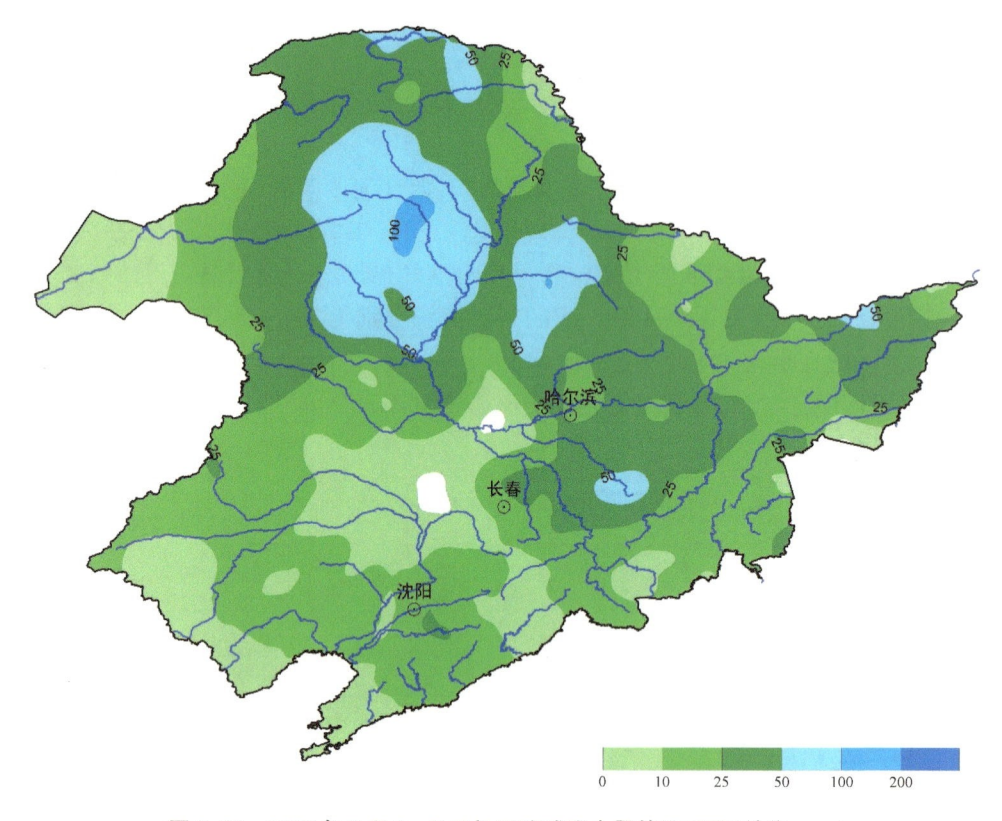

图2-59　2018年9月1—5日松辽流域降水量等值面图(单位:mm)

9月6日,受高空槽和低空切变共同影响,流域东南部普降中到大雨,局地暴雨,主雨区位于第二松花江中上游、松花江干流支流牡丹江中上游、乌苏里江、东辽河上游、浑太河、鸭绿江、辽东半岛等地。最大点雨量为第二松花江支流饮马河黄河站(吉林-吉林-磐石)72.4 mm。本次过程累计降水量大于25、50 mm的笼罩面积分别为5.1万、0.2万 km²。面雨量较大的区域有鸭绿江27.7 mm,东辽河上游24.5 mm,乌苏里江17.7 mm。2018年9月6日松辽流域降水量等值面图见图2-60。

9月11—15日,受高空槽和低空切变共同影响,流域北部和南部普降中到大雨,局地暴雨,主雨区位于黑龙江干流、嫩江左侧支流、松花江干流中游、辽河干流中上游、辽东半岛等地。最大点雨量为辽东半岛清水站(辽宁-大连-庄河)192.5 mm。本次过程累计降水量大于25、50 mm的笼罩面积分别为9.0万、0.7万 km²。面雨量较大的区域有嫩江支流科洛河30.8 mm,讷谟尔河乌裕尔河28.0 mm。2018年9月11—15日松辽流域降水量等值面图见图2-61。

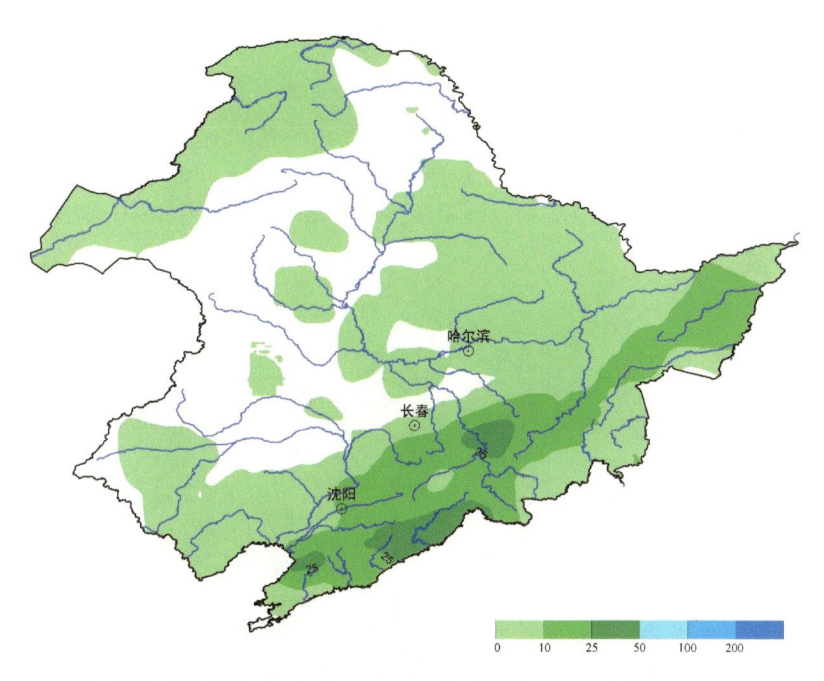

图 2-60　2018 年 9 月 6 日松辽流域降水量等值面图(单位:mm)

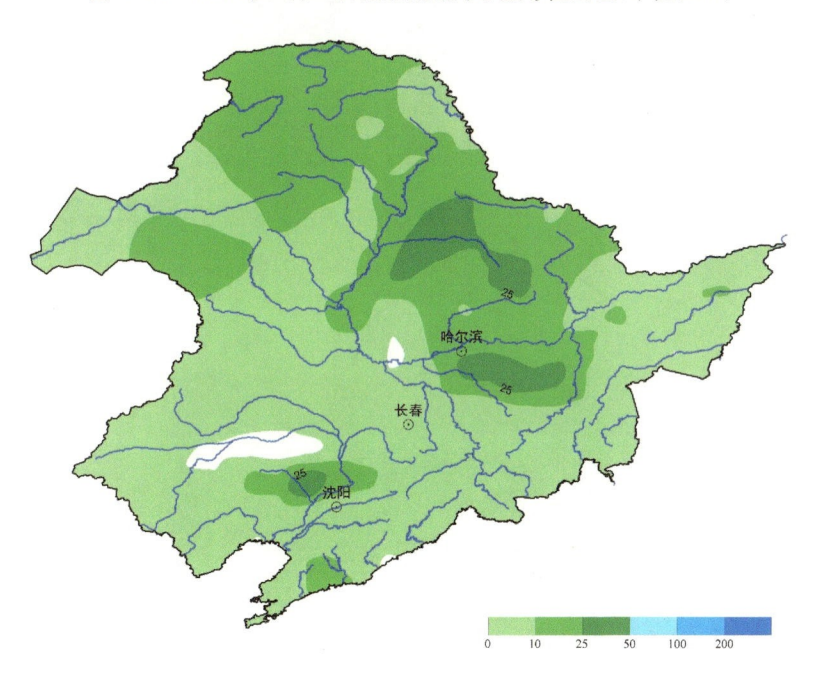

图 2-61　2018 年 9 月 11—15 日松辽流域降水量等值面图(单位:mm)

9月21—23日,受高空冷涡影响,流域北部和东部普降中到大雨,局地暴雨,主雨区位于黑龙江干流、嫩江上游、第二松花江、松花江干流中游等地。最大点雨量为鸭绿江支流浑江三岔子站(吉林-白山-江源)117.6 mm。本次过程累计降水量大于25、50、100 mm的笼罩面积分别为21.3万、3.9万、0.2万 km²。面雨量较大的区域有嫩江上游32.5 mm。2018年9月21—23日松辽流域降水量等值面图见图2-62。

9月28—30日,受高空冷涡影响,流域南部和西部普降中到大雨,局地暴雨、大暴雨,主雨区位于嫩江中下游、第二松花江、鸭绿江、辽东半岛等地。最大点雨量为辽东半岛孙家沟站(辽宁-丹东-东港)132.5 mm。本次过程累计降水量大于25、50、100 mm的笼罩面积分别为14.6万、1.4万、0.1万 km²。面雨量较大的区域有鸭绿江30.5 mm,嫩江支流雅鲁河29.4 mm,辽东半岛29.0 mm,第二松花江24.5 mm。2018年9月28—30日松辽流域降水量等值面图见图2-63。

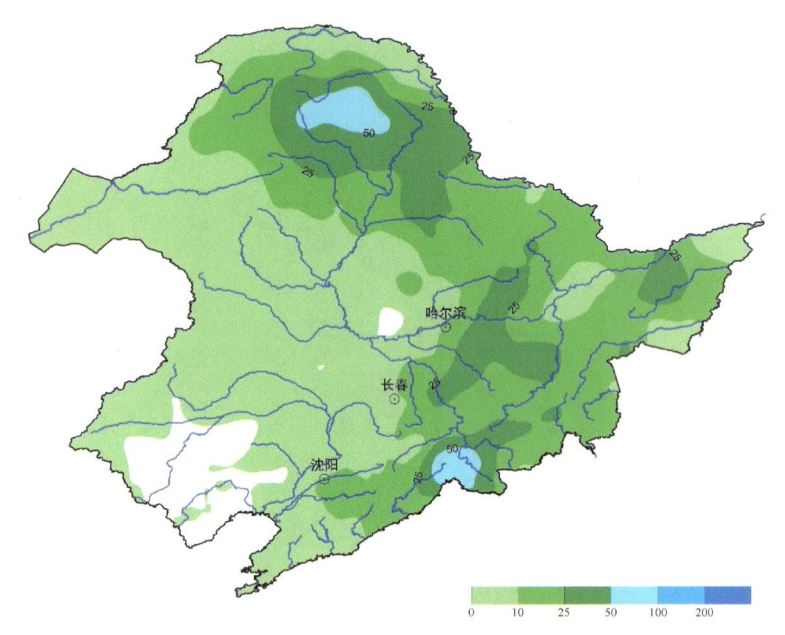

图2-62 2018年9月21—23日松辽流域降水量等值面图(单位:mm)

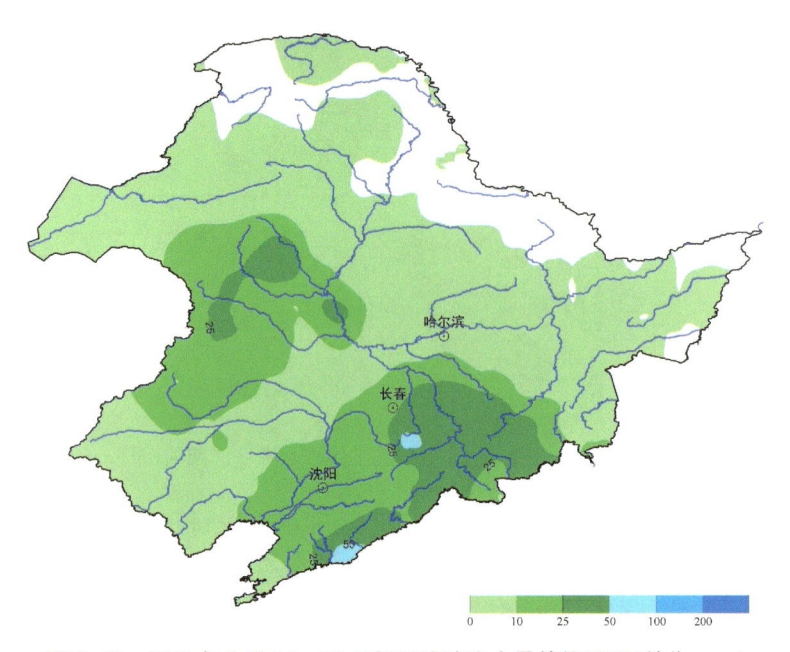

图2-63 2018年9月28—30日松辽流域降水量等值面图(单位:mm)

第三章 水 情

一、冰情

2018年,春季开江期间水势总体平稳,开江日期偏早,开江水位偏低。开江期间,黑龙江干流洛古河、鸥浦江段局部出现流冰堆积、冰坝现象,但均自然冲毁,未超警戒水位。秋冬季封江日期总体偏晚,封江水位偏低。

(一) 春季开江

受2018年春季气温偏高影响,主要江河开江日期在3月13日至4月28日,较常年提前1~8天,开江水位较常年偏低0.94~2.04 m,开江期间水势总体平稳。

黑龙江干流开江日期在4月16日至27日,较常年提前4~5天;与多年平均开江水位相比,鸥浦江段及三道卡至奇克江段,开江水位偏低0.19~1.31 m,其他江段开江水位偏高0.31~1.09 m。受洛古河站下游15 km处小马场以下江段影响,4月25日洛古河江段出现流冰堆积,卡塞形成冰坝,5月2日,洛古河江段冰坝自然冲毁,最高水位308.28 m(4月28日),低于警戒水位(308.78 m)0.50 m。受呼玛江段影响,4月28日鸥浦江段出现流冰堆积,卡塞形成冰坝,4月29日冰坝自然冲毁,最高水位96.98 m(4月29日),低于警戒水位(98.30 m)1.32 m。

嫩江干流开江日期在3月27日至4月28日,较常年提前9~10天;与多年平均开江水位相比,干流同盟、江桥江段偏高1.01~1.62 m,其他江段偏低0.23~1.78 m。

松花江干流开江日期在4月2日至12日,较常年提前5~7天;与多年平均开江水位相比,松花江干流通河以上江段偏高0.16~1.69 m,通河以下江段偏低0.94~2.04 m。

乌苏里江干流开江日期在4月1日至7日,较常年提前8~9天;与多年平均开江水位相比,虎头站开江水位偏低2.5 m,饶河站开江水位偏高0.34 m。

(二) 冬季封江

受10—11月气温影响,松花江流域及黑龙江干流流域于12月相继全线封江。

黑龙江干流12月9日全线封冻,其中上马厂江段较常年偏早4天,太平沟偏早2天,其他江段偏晚4~15天。封江水位黑龙江干流上游段:漠河江段至黑河江段、呼玛至黑河江段较多年平均封江水位偏低0.08～1.02 m,其余江段封江水位较多年平均封江水位偏高0.21～1.79 m;中游段封江水位较多年平均封江水位偏高0.94～2.17 m。

嫩江12月7日全线封冻,封江时间总体偏晚3～22天。封江水位齐齐哈尔与富拉尔基江段较多年平均封江水位偏低0.08～0.36 m,其余江段偏高0.39～1.60 m。

松花江干流12月9日全线封冻,哈尔滨封江时间偏早2天,其余江段偏晚5～9天。封江水位除哈尔滨与佳木斯江段较多年平均封江水位偏低0.61、0.22 m外,其他江段较多年平均偏高0.26～0.40 m。

乌苏里江11月24日全线封冻,封江时间偏晚4～6天。封江水位虎头江段较多年平均偏低1.66 m,饶河江段较多年平均偏高0.67 m。

黑龙江干流、松花江流域、图们江、绥芬河2018年度冰情统计信息表见表3-1。

表3-1 黑龙江干流、松花江流域、图们江、绥芬河2018年度冰情统计信息表

河名	站名	封冻日期	开江日期	多年平均封冻日期	多年平均开江日期
黑龙江干流	洛古河	11月16日	4月25日	11月5日	4月29日
黑龙江干流	漠河	11月16日	4月26日	11月12日	4月30日
黑龙江干流	开库康	11月22日	4月27日	11月8日	5月1日
黑龙江干流	鸥浦	11月20日	4月27日	11月11日	4月28日
黑龙江干流	呼玛	11月17日	4月27日	11月13日	4月29日
黑龙江干流	三道卡	11月22日	4月27日	11月16日	4月27日
黑龙江干流	上马厂	11月21日	4月24日	11月25日	4月25日
黑龙江干流	黑河	11月23日	4月25日	11月17日	4月27日
黑龙江干流	卡伦山	12月6日	4月21日	11月25日	4月22日
黑龙江干流	奇克	12月4日	4月23日	11月19日	4月26日
黑龙江干流	嘉荫	12月9日	4月16日	11月25日	4月22日
黑龙江干流	太平沟	11月23日	4月21日	11月25日	4月21日
黑龙江干流	萝北	11月26日	4月18日	11月19日	4月21日
黑龙江干流	勤得利	12月9日	4月17日		
黑龙江干流	抚远	12月7日	4月16日	11月29日	4月20日
乌苏里江	虎头	11月24日	4月1日	11月20日	4月10日
乌苏里江	饶河	11月24日	4月7日	11月18日	4月15日
松花江干流	哈尔滨	11月23日	4月2日	11月25日	4月9日
松花江干流	通河	12月9日	4月3日	11月26日	4月12日
松花江干流	依兰	12月8日	4月9日	11月29日	4月12日
松花江干流	佳木斯	12月2日	4月9日	11月22日	4月15日
松花江干流	富锦	11月27日	4月12日	11月24日	4月17日
嫩江	石灰窑	11月16日	4月19日	11月7日	4月18日
嫩江	库漠屯	11月17日	4月16日	11月3日	4月18日

续表

河名	站名	封冻日期	开江日期	多年平均封冻日期	多年平均开江日期
嫩江	嫩江	11月15日	4月13日	11月10日	4月16日
嫩江	同盟	12月6日	4月28日	11月22日	4月5日
嫩江	齐齐哈尔	12月7日	4月1日	11月15日	4月10日
嫩江	富拉尔基	11月20日	4月8日	11月17日	4月13日
嫩江	江桥	11月22日	3月27日	11月10日	4月7日
第二松花江	松花江	12月9日	4月2日	12月5日	3月28日
第二松花江	扶余	11月18日	3月29日	11月23日	3月30日
图们江	圈河		3月13日	11月30日	3月22日
绥芬河	东宁	11月19日	3月29日	11月22日	4月7日

注：松花江、扶余、圈河、东宁多年平均系列较短，仅供参考。

二、汛情

(一) 概况

2018年，流域汛期共有48条河流发生超警超保洪水，其中干流3条（黑龙江干流、乌苏里江、绥芬河）、一级支流14条、中小河流31条。黑龙江上游发生中洪水，牡丹江上游、浑江上游、嘎呀河、呼兰河中游发生大洪水。黑龙江干流，松花江及其支流呼兰河、汤旺河、蚂蚁河，乌苏里江支流穆棱河，绥芬河发生2018年第1号洪水。

6月，嫩江支流科洛河、黑龙江干流支流逊毕拉河、第二松花江饮马河支流双阳河发生超警洪水，其中科洛河发生重现期超5年中洪水。

7月，受俄罗斯来水影响，黑龙江干流、嫩江支流科洛河、松花江干流中游北侧支流发生超警以上洪水，其中，黑龙江干流上游发生重现期近10年中洪水，呼兰河中游发生重现期超20年大洪水，汤旺河下游发生重现期近20年中洪水，呼兰河支流欧根河、通肯河支流扎音河发生超历史洪水。

8月，受副高后部切变及14号台风"摩羯"、18号台风"温比亚"、19号台风"苏力"连续影响，松花江干流支流牡丹江上游、鸭绿江支流浑江上游、图们江支流嘎呀河发生重现期20年大洪水，乌苏里江支流穆棱河、松花江干流支流蚂蚁河、绥芬河发生2018年第1号洪水。

9月，额尔古纳河支流激流河支流牛耳河、乌苏里江干流及支流别拉洪河、嫩江支流科洛河、第二松花江支流团山子河、松花江干流南侧支流（蚂蚁河、牡丹江上游、拉林河上游）、辽东半岛大洋河发生超警洪水。

(二) 主要洪水过程

1. 额尔古纳河

支流激流河牛耳河水文站发生2次超警戒水位洪水：7月23日3时35分洪峰水位9.76 m，超过警戒水位（9.65 m）0.11 m，相应流量174 m³/s；9月25日16时洪峰水位

9.75 m,超警戒水位 0.10 m,相应流量 176 m³/s。牛耳河站水位流量过程线图见图 3-1。

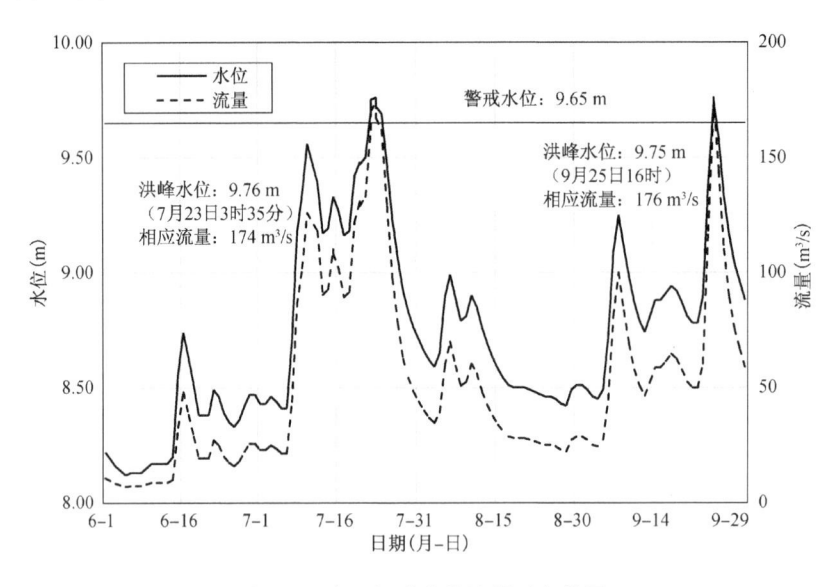

图 3-1 牛耳河站水位流量过程线图

2. 黑龙江干流

受黑龙江干流北源石勒喀河和区间来水的共同影响,漠河水位站至开库康水位站 7 月 15—17 日先后出现洪峰,洪峰水位超过警戒水位 0.61~1.84 m,为黑龙江干流第 1 号洪水,其中,黑龙江干流上游开库康水位站到呼玛水位站江段发生重现期约 10 年中等洪水。

(1)黑龙江干流

洛古河水文站 7 月 15 日 2 时洪峰水位 308.71 m,相应流量 8 490 m³/s,水位列 1987 年建站以来第 8 位(历史最高水位 311.69 m,1994 年 5 月 5 日),流量列 1987 年建站以来第 4 位(历史最大流量 9 660 m³/s,1988 年 7 月 30 日)。洛古河站水位流量过程线图见图 3-2。

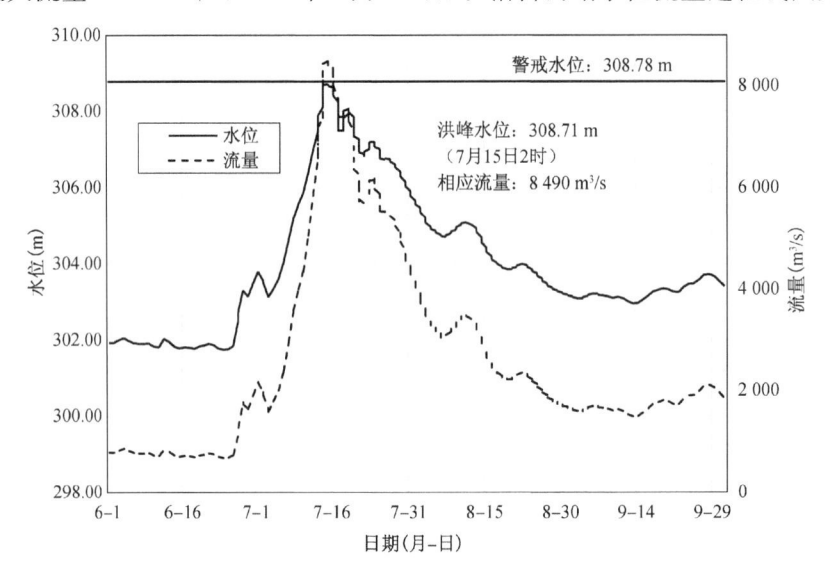

图 3-2 洛古河站水位流量过程线图

漠河水位站 7 月 15 日 8 时洪峰水位 97.11 m,超过警戒水位(96.50 m)0.61 m,水位列 1957 年以来第 8 位(历史最高水位 102.55 m,1958 年 7 月 13 日),重现期超 5 年。漠河站水位过程线图见图 3-3。

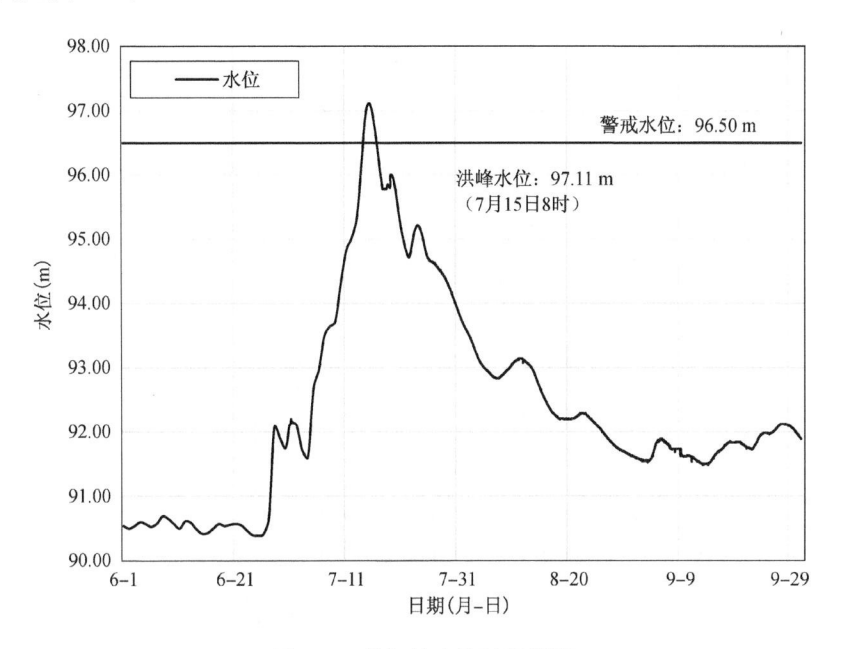

图 3-3　漠河站水位过程线图

开库康水位站 7 月 17 日 17 时洪峰水位 98.34 m,超过警戒水位(96.50 m)1.84 m,水位列 1957 年以来第 2 位(历史最高水位 98.86 m,1984 年 8 月 8 日),洪水重现期 10 年。开库康站水位过程线图见图 3-4。

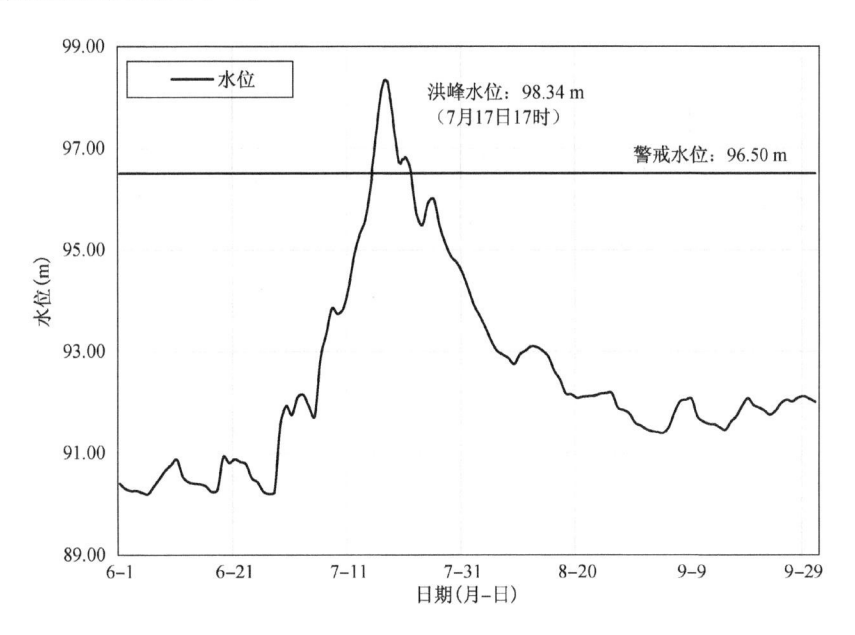

图 3-4　开库康站水位过程线图

欧浦水位站 7 月 19 日 6 时洪峰水位 99.62 m，超过警戒水位(98.30 m)1.32 m，水位列 1957 年以来第 2 位(历史最高水位 103.71 m，1958 年 7 月 16 日)，重现期 10 年。欧浦站水位过程线图见图 3-5。

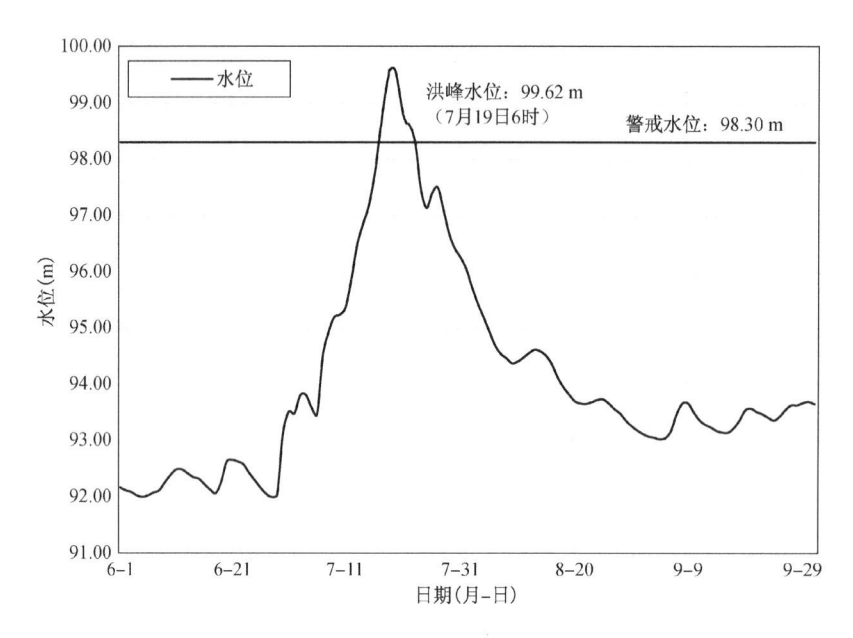

图 3-5　欧浦站水位过程线图

呼玛水位站 7 月 21 日 8 时洪峰水位 100.89 m，超过警戒水位(99.50 m)1.39 m，水位列 1952 年以来第 6 位(历史最高水位 103.31 m，1958 年 7 月 18 日)，重现期 10 年。呼玛站水位过程线图见图 3-6。

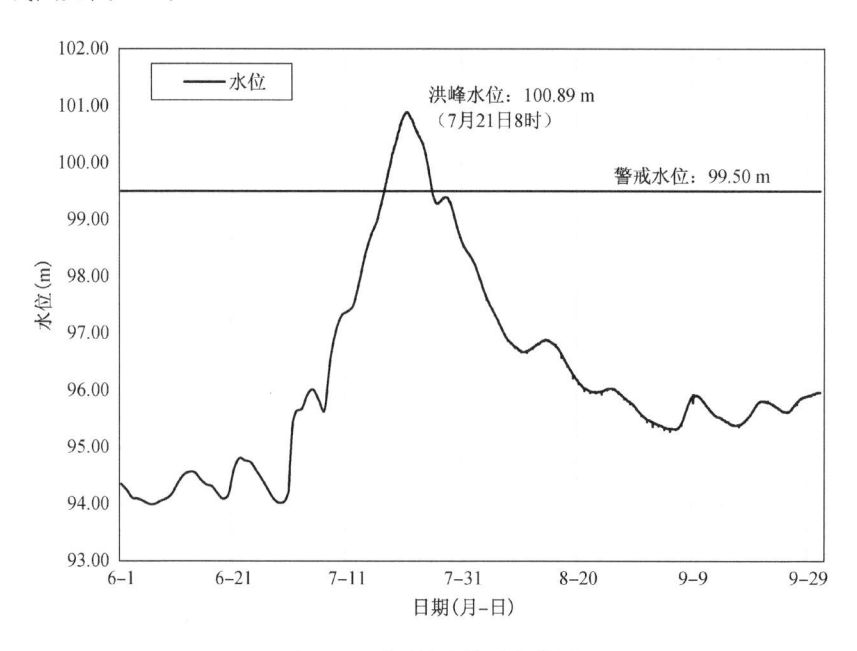

图 3-6　呼玛站水位过程线图

三道卡水位站 7 月 22 日 13 时洪峰水位 99.23 m,超过警戒水位(98.00 m)1.23 m,重现期超 5 年。三道卡站水位过程线图见图 3-7。

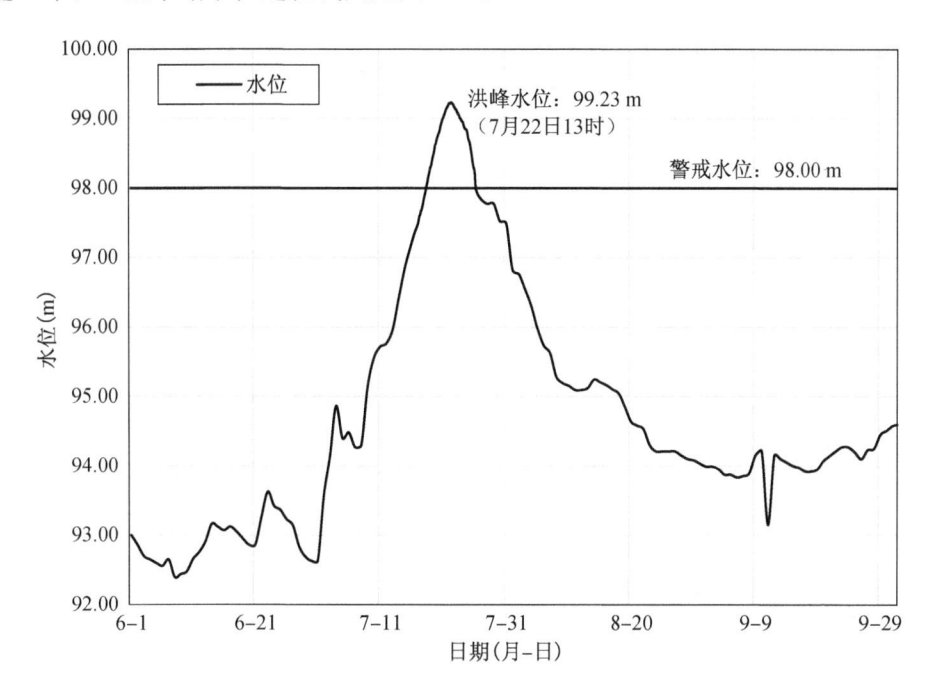

图 3-7　三道卡站水位过程线图

上马厂水文站 7 月 23 日 20 时洪峰水位 128.06 m,相应流量 12 500 m³/s,流量列 1987 年建站以来第 2 位(历史最大流量 12 600 m³/s,1998 年 6 月 30 日)。上马厂站水位流量过程线图见图 3-8。

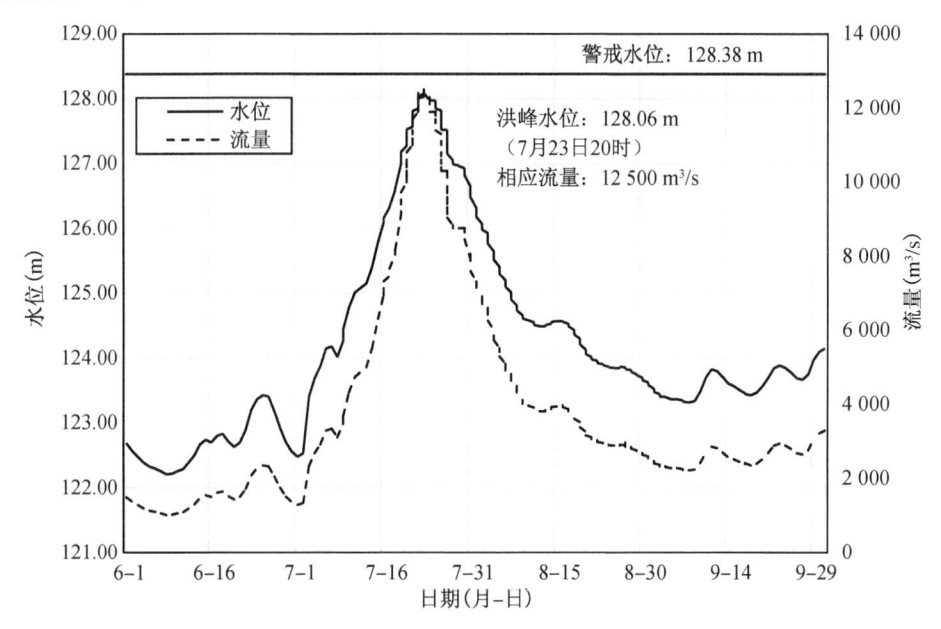

图 3-8　上马厂站水位流量过程线图

47

黑河水位站 7 月 23 日 14 时洪峰水位 96.15 m,超过警戒水位(96.00 m)0.15 m。黑河站水位过程线图见图 3-9。

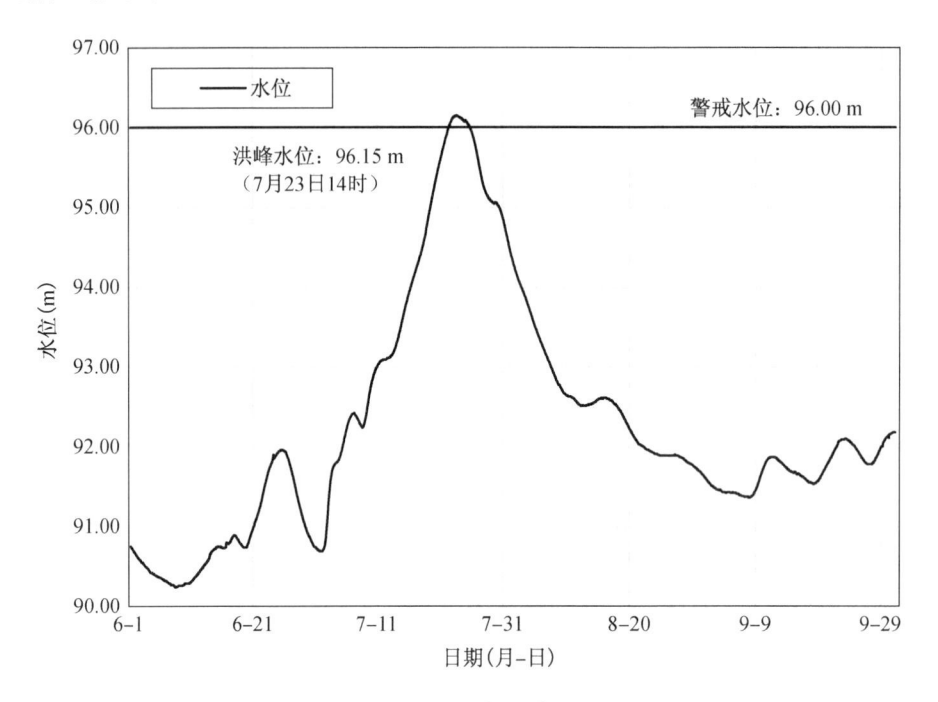

图 3-9　黑河站水位过程线图

卡伦山水文站 7 月 23 日 22 时洪峰水位 123.87 m,相应流量 17 100 m³/s,流量列 1987 年建站以来第 2 位(历史最大流量 23 500 m³/s,2013 年 8 月 15 日)。卡伦山站水位流量过程线图见图 3-10。

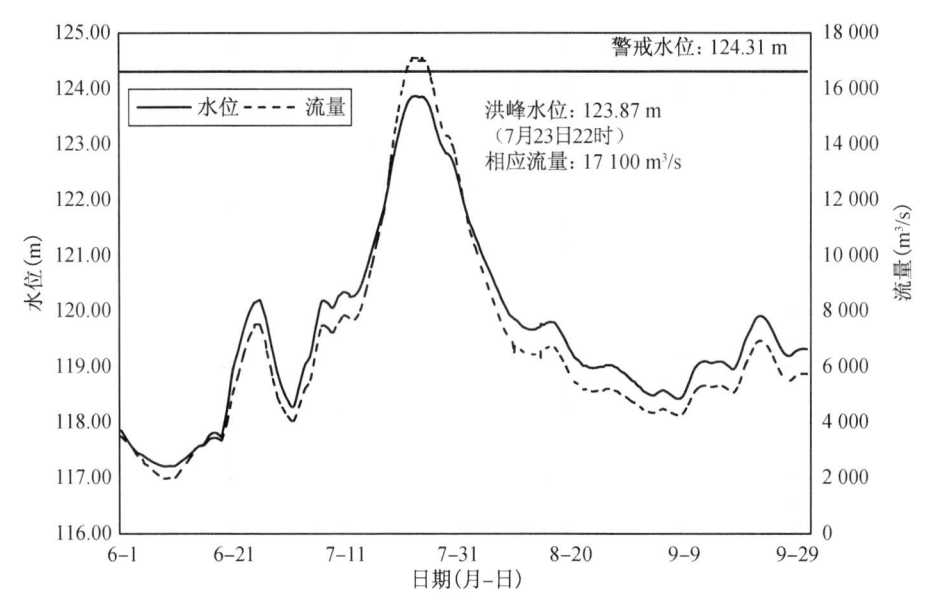

图 3-10　卡伦山站水位流量过程线图

胜利屯水位站 7 月 25 日 8 时洪峰水位 116.83 m，超过警戒水位(116.00 m)0.83 m，水位列 1974 年建站以来第 4 位(历史最高水位 118.81 m，1984 年 8 月 16 日)。胜利屯站水位过程线图见图 3-11。

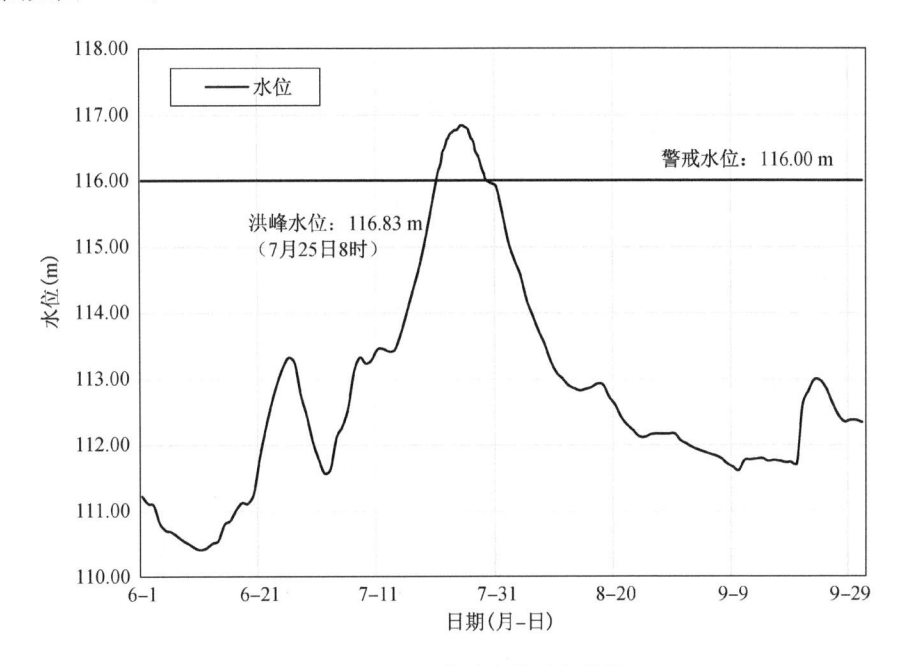

图 3-11　胜利屯站水位过程线图

嘉荫水位站 7 月 29 日 16 时 18 分洪峰水位 97.02 m，超过警戒水位(97.00 m)0.02 m。嘉荫站水位过程线图见图 3-12。

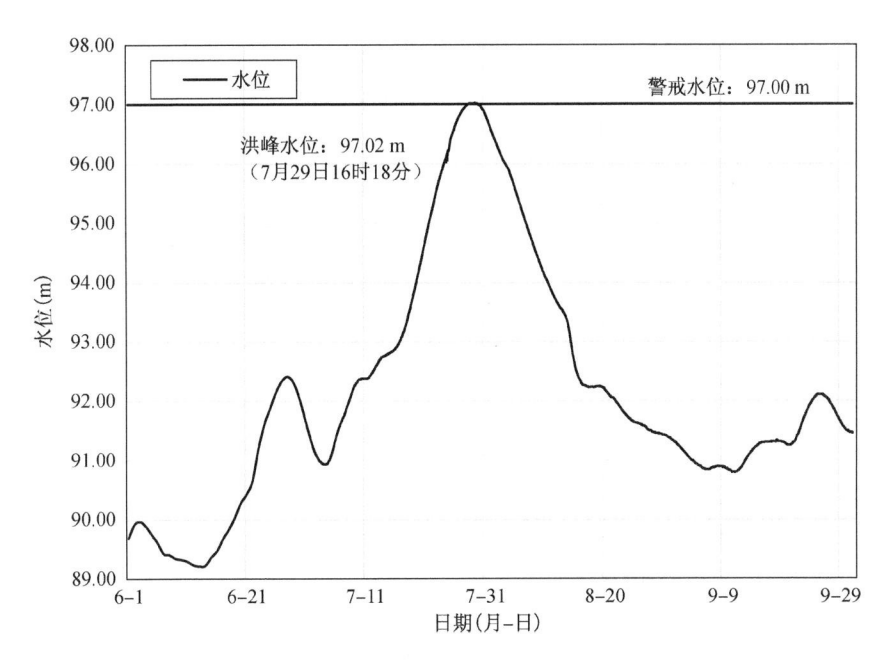

图 3-12　嘉荫站水位过程线图

中兴镇水位站7月31日8时洪峰水位97.72 m,超过警戒水位(97.70 m)0.02 m。中兴镇站水位过程线图见图3-13。

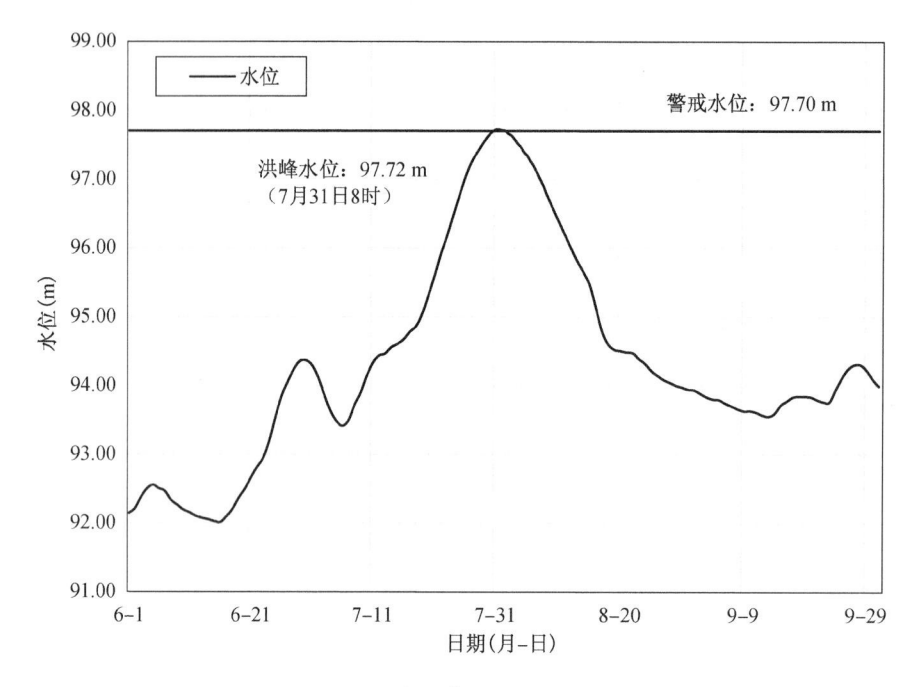

图3-13 中兴镇站水位过程线图

同江(黑龙江)水位站8月1日23时洪峰水位54.46 m,超过警戒水位(54.00 m)0.46 m。同江(黑龙江)站水位过程线图见图3-14。

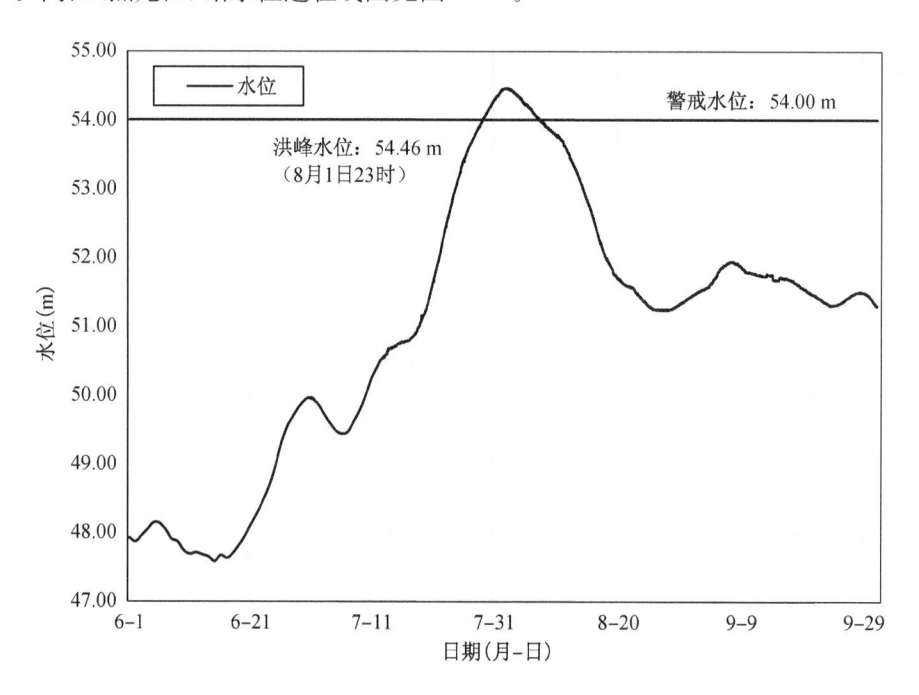

图3-14 同江(黑龙江)站水位过程线图

勤得利水位站 8 月 4 日 6 时洪峰水位 46.48 m，超过警戒水位（46.35 m）0.13 m，水位列 1967 年以来第 7 位（历史最高水位 48.65 m，2013 年 8 月 29 日）。勤得利站水位过程线图见图 3-15。

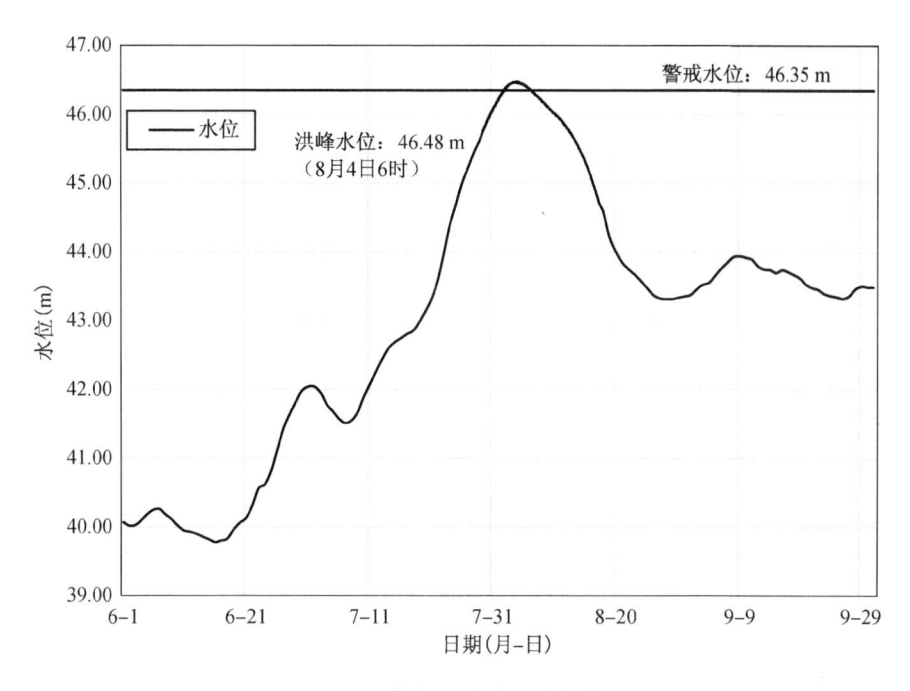

图 3-15　勤得利站水位过程线图

抚远水文站 8 月 5 日 14 时洪峰水位 40.99 m，相应流量 23 900 m³/s。抚远站水位流量过程线图见图 3-16。

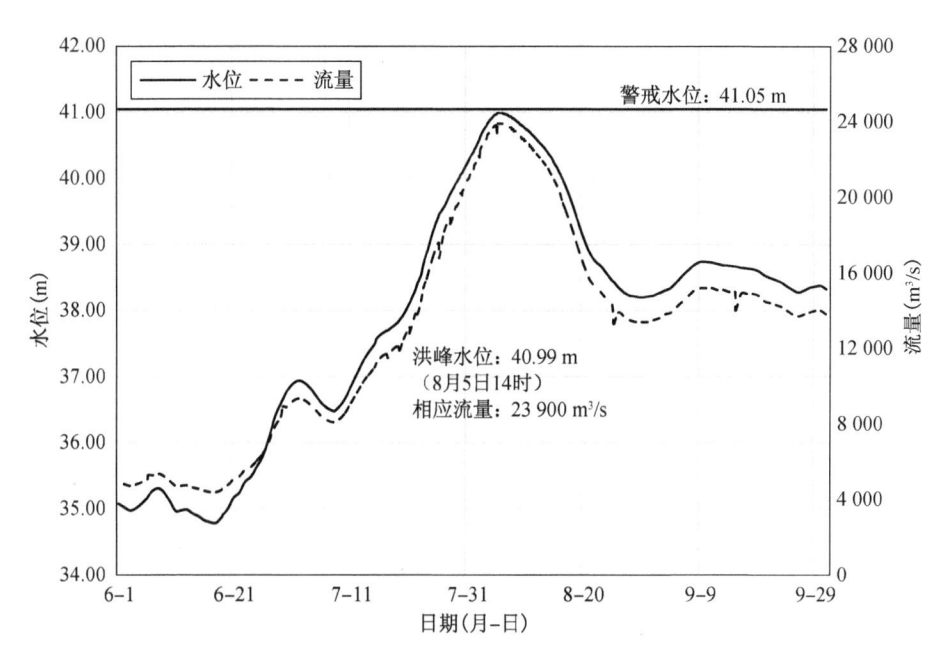

图 3-16　抚远站水位流量过程线图

（2）逊毕拉河

支流辰清河清溪水文站发生2次超警戒水位洪水：6月16日23时洪峰水位95.78 m，超过警戒水位(95.50 m)0.28 m，相应流量353 m³/s；7月3日4时洪峰水位95.58 m，超警戒水位0.08 m，相应流量309 m³/s。清溪站水位流量过程线图见图3-17。

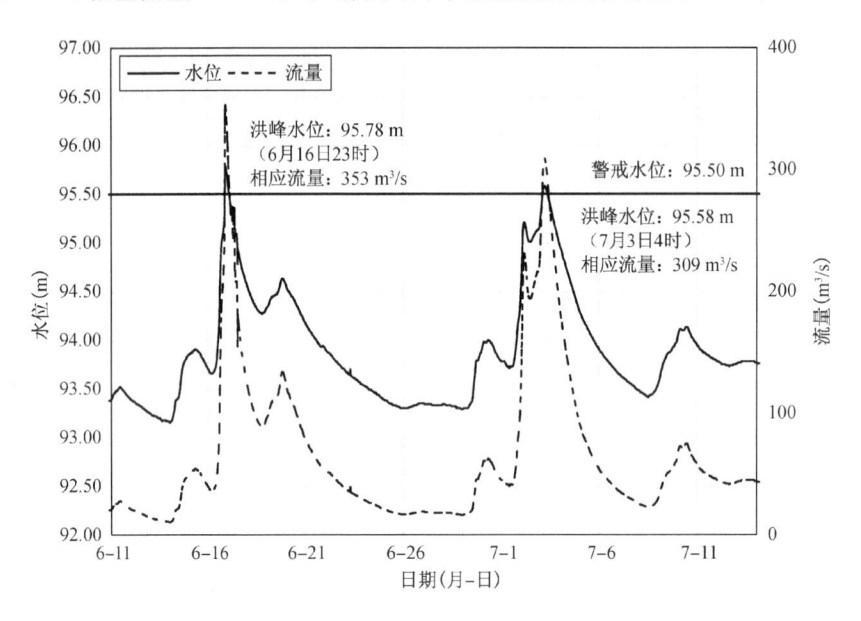

图3-17 清溪站水位流量过程线图

（3）鸭蛋河

鸭蛋河（河道）水文站7月25日23时42分洪峰水位98.39 m，超过警戒水位(97.00 m)1.39 m，超过保证水位(97.70 m)0.69 m，相应流量364 m³/s，流量列1958年以来第2位（历史最大流量408 m³/s，1992年6月8日）。鸭蛋河（河道）站水位流量过程线图见图3-18。

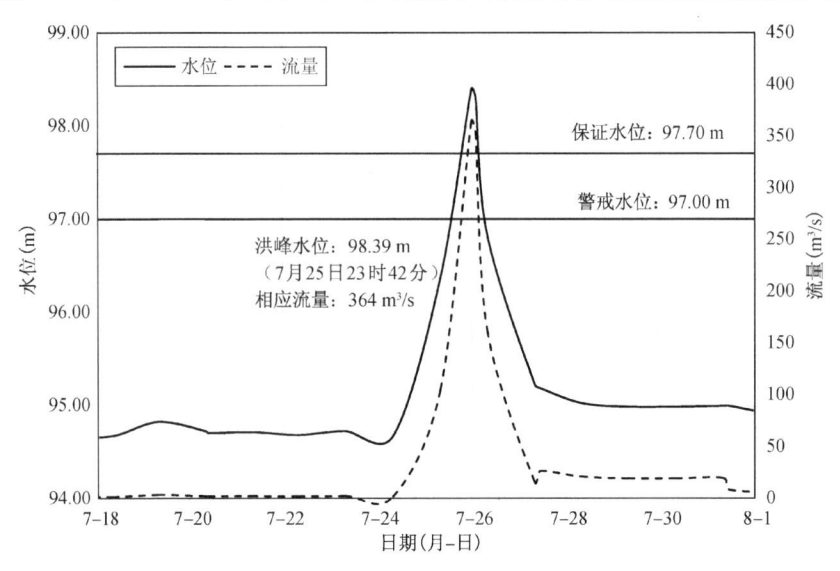

图3-18 鸭蛋河（河道）站水位流量过程线图

3. 嫩江

嫩江流域共有 3 条河流 3 站发生超警戒水位洪水,分别为科洛河、阿伦河、洮儿河。

支流科洛河科后水文站发生 3 次超警戒水位洪水;6 月 17 日 12 时洪峰水位 99.50 m,超过警戒水位(98.00 m)1.50 m,相应流量 624 m³/s,流量列 1957 年以来第 6 位(历史最大流量 1 210 m³/s,1969 年 8 月 26 日),洪水重现期超 5 年;7 月 26 日 21 时洪峰水位 98.27 m,超过警戒水位(98.00 m)0.27 m,相应流量 295 m³/s;9 月 7 日 16 时洪峰水位 98.56 m,超过警戒水位(98.00 m)0.56 m,相应流量 350 m³/s。科后站水位流量过程线图见图 3-19。

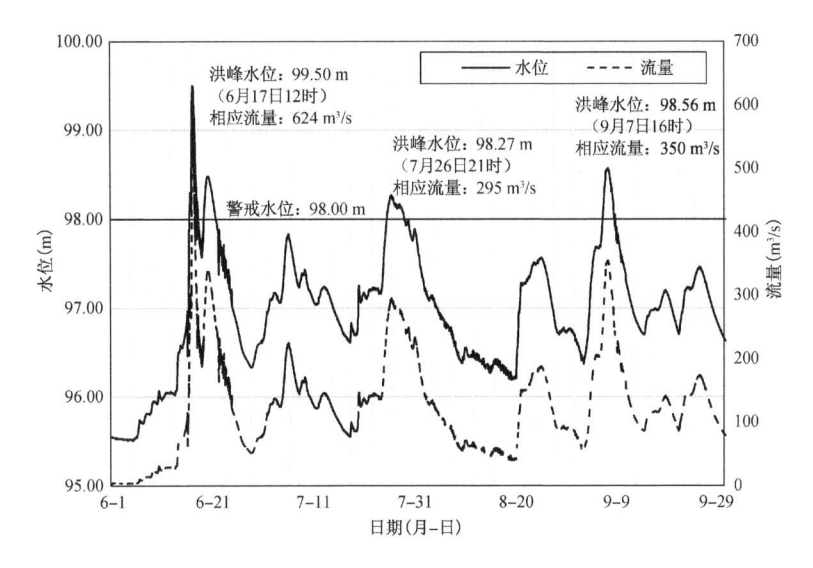

图 3-19 科后站水位流量过程线图

支流阿伦河那吉水文站 7 月 8 日 23 时洪峰水位 96.20 m,超过警戒水位(96.04 m)0.16 m,相应流量 543 m³/s,流量列 1954 年以来第 7 位(历史最大流量 1 840 m³/s,1998 年 8 月 10 日)。那吉站水位流量过程线图见图 3-20。

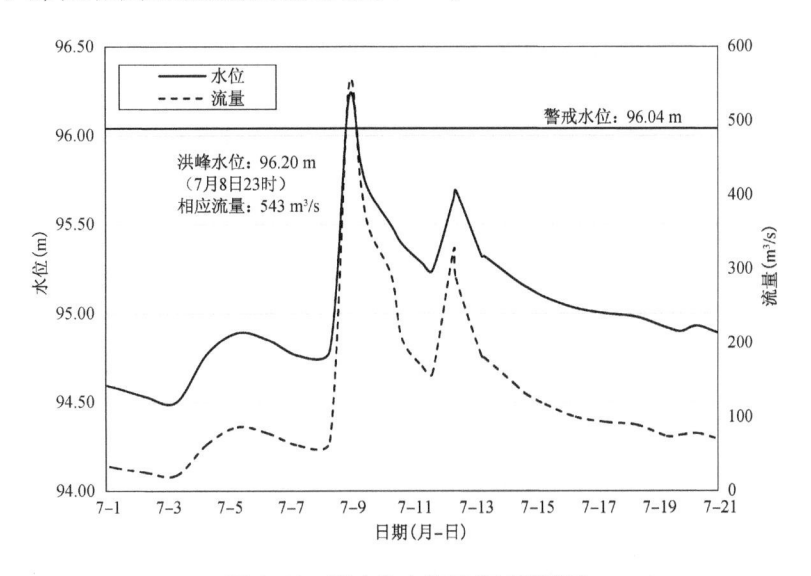

图 3-20 那吉站水位流量过程线图

支流洮儿河支流蛟流河务本水文站受降水和橡胶坝影响,发生4次超警戒水位洪水,7月25日13时洪峰水位191.42 m,超过警戒水位(191.26 m)0.16 m,相应流量158 m³/s。务本站水位流量过程线图见图3-21。

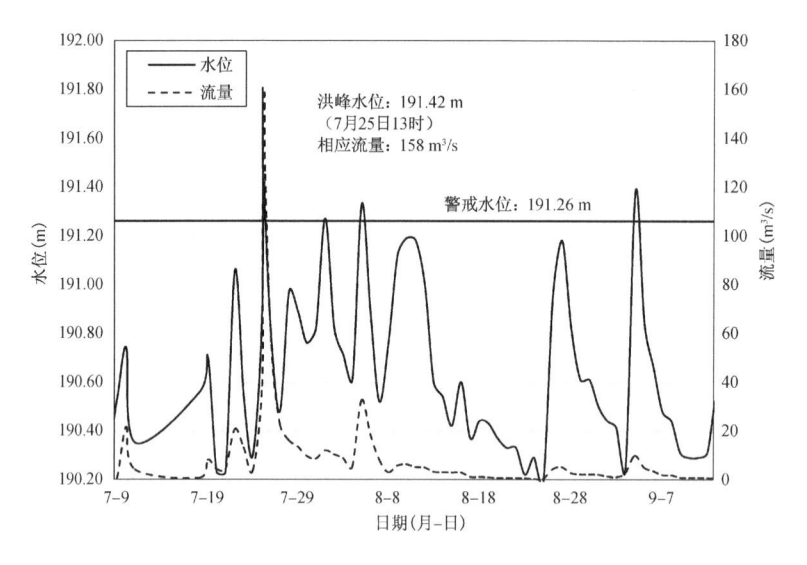

图 3-21 务本站水位流量过程线图

4. 第二松花江

第二松花江流域共有3条河流3站发生超警戒水位以上洪水,分别为头道松花江、饮马河支流双阳河、团山子河。受19号台风"苏力"和冷涡的共同影响,第二松花江白山水库以上流域普降大到暴雨,8月24日14—17时3h入库流量为5 120 m³/s,达到国家防总《全国主要江河洪水编号规定》编号标准,为松花江2018年第1号洪水。

支流头道松花江高丽城子水文站8月24日14时洪峰水位422.42 m,超警戒水位(422.07 m)0.35 m,相应流量972 m³/s。高丽城子站水位流量过程线图见图3-22。

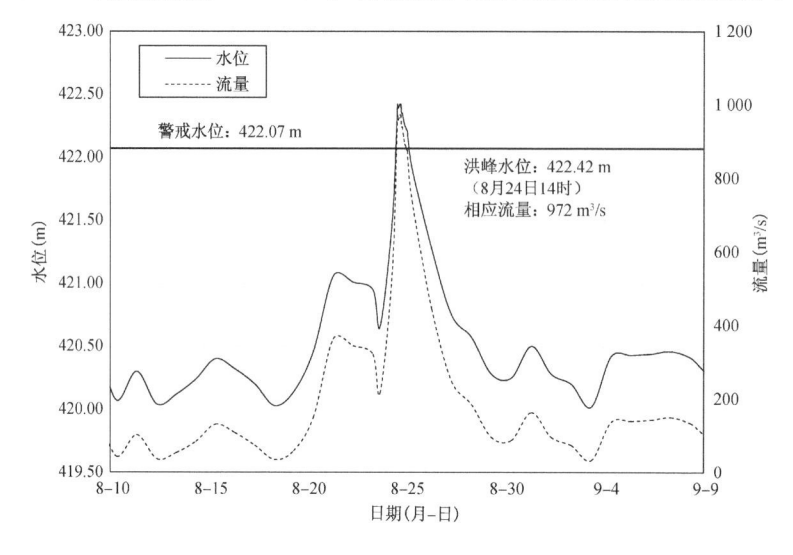

图 3-22 高丽城子站水位流量过程线图

支流饮马河支流双阳河新安水文站发生 2 次超警戒水位洪水:6 月 21 日 8 时洪峰水位 192.72 m,超过警戒水位(192.60 m)0.12 m,相应流量 60.8 m³/s;8 月 16 日 8 时洪峰水位 193.54 m,超过警戒水位 0.94 m,相应流量 79.8 m³/s。新安站水位流量过程线图见图 3-23。

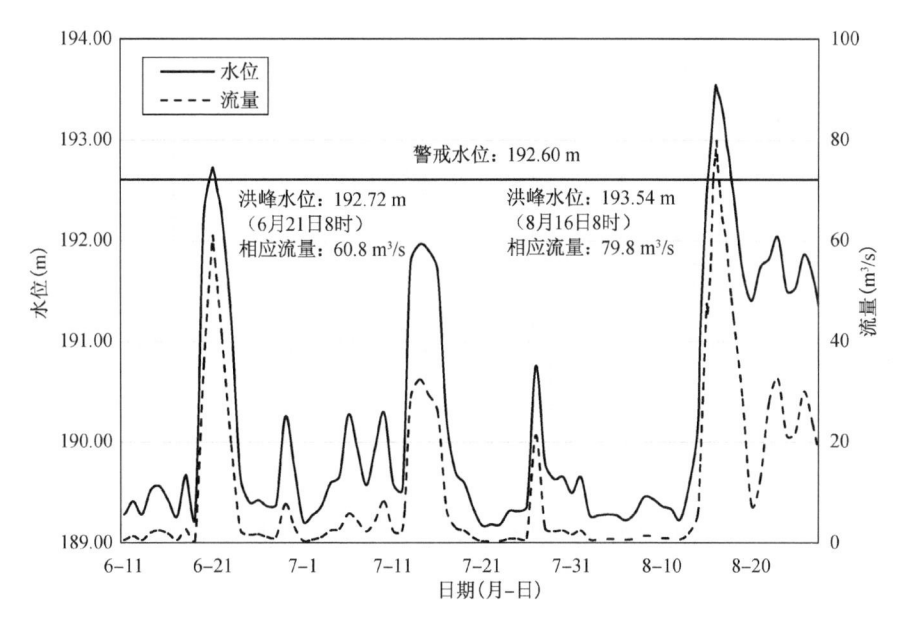

图 3-23 新安站水位流量过程线图

支流团山子河二道水文站发生 2 次超警戒水位洪水:8 月 25 日 8 时洪峰水位 187.94 m,超警戒水位(187.90 m)0.04 m,相应流量 40.5 m³/s;9 月 6 日 14 时洪峰水位 188.02 m,超过警戒水位 0.12 m,相应流量 44.9 m³/s。二道站水位流量过程线图见图 3-24。

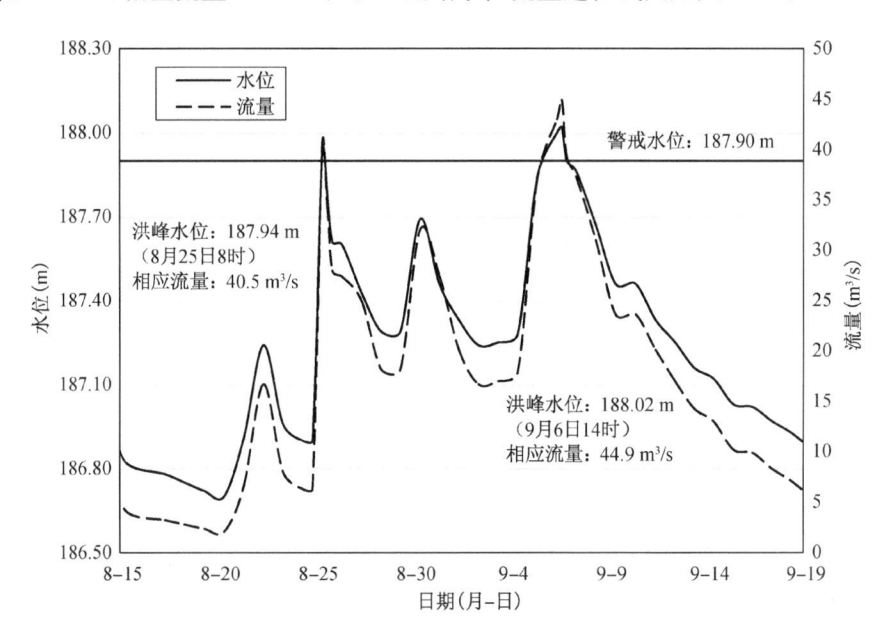

图 3-24 二道站水位流量过程线图

5. 松花江干流

受10号台风"安比"、19号台风"苏力"、20号台风"西马仑"外围水汽和高空冷涡共同影响,松花江干流等多条河流发生明显涨水过程,26条河流38站发生超警戒水位以上洪水,达到《黑龙江省主要江河洪水编号实施办法》规定的编号标准。呼兰河、汤旺河、蚂蚁河发生2018年第1号洪水,其中呼兰河中游、汤旺河下游、牡丹江上游发生大洪水,呼兰河支流欧肯河、扎音河发生超历史洪水。

(1)呼兰河

呼兰河干流及5条一级支流发生超警以上洪水,呼兰河、欧根河、努敏河发生超保洪水。呼兰河发生超10年中洪水,呼兰河中游发生超20年大洪水,呼兰河支流欧根河、通肯河支流扎音河发生超历史洪水。

呼兰河庆安水位站7月27日13时18分洪峰水位174.20 m,超警戒水位(172.75 m)1.45 m,超保证水位(173.25 m)0.95 m,重现期超50年。庆安站水位过程线图见图3-25。

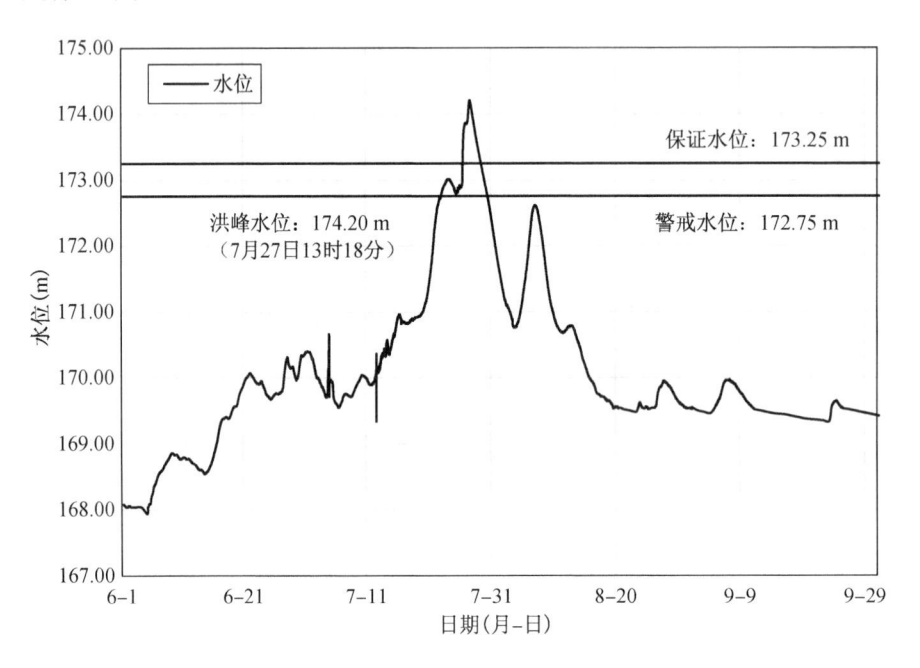

图3-25 庆安站水位过程线图

秦家(二)水文站7月25日2时水位149.27 m,超警戒水位(149.25 m)0.02 m,为呼兰河2018年第1号洪水;7月28日8时55分洪峰水位150.44 m,超警戒水位1.19 m,超保证水位(150.00 m)0.44 m,相应流量2 740 m³/s,重现期超20年,流量列1952年以来第2位(历史最大流量2 810 m³/s,1985年8月18日)。秦家(二)站水位流量过程线图见图3-26。

兰西水文站7月31日22时30分洪峰水位129.20 m,超警戒水位(128.40 m)0.80 m,相应流量3 100 m³/s,重现期超10年,流量列1950年以来第4位(历史最大流量5 120 m³/s,1962年6月9日)。兰西站水位流量过程线图见图3-27。

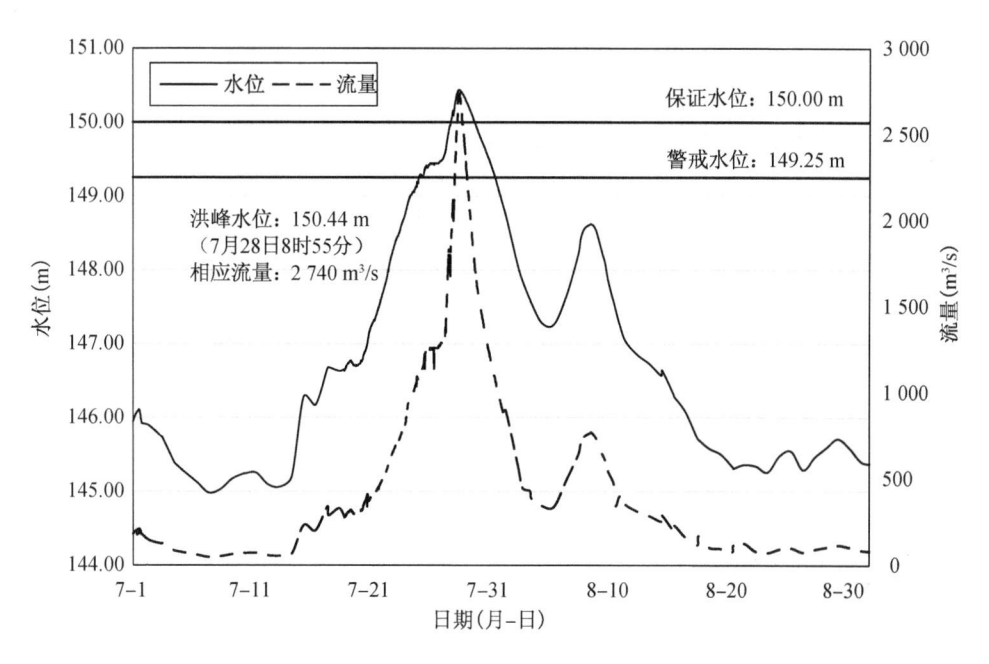

图 3-26 秦家(二)站水位流量过程线图

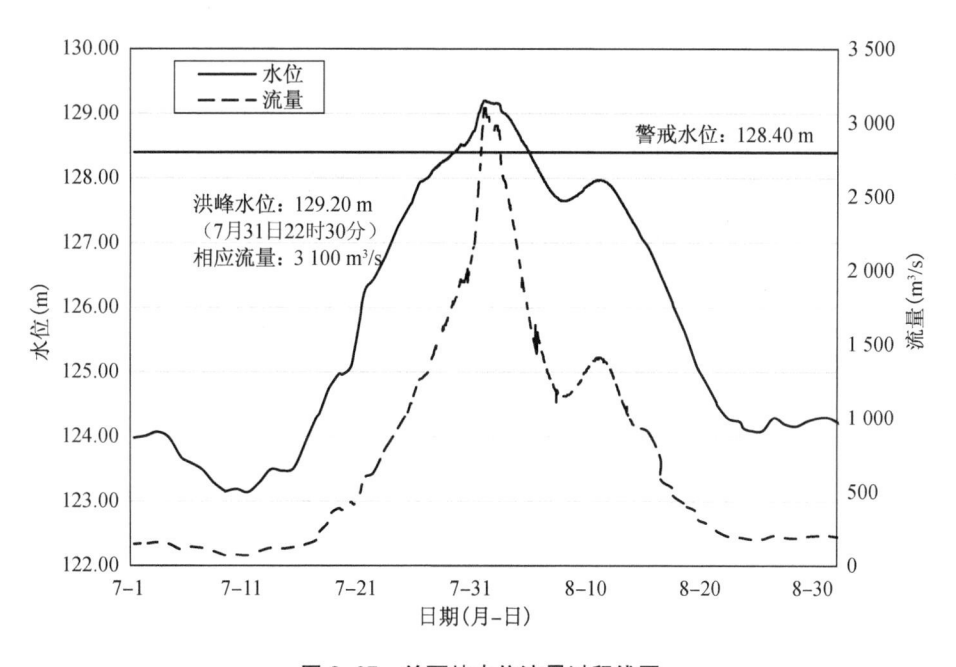

图 3-27 兰西站水位流量过程线图

呼兰水位站 8 月 3 日 7 时洪峰水位 114.27 m,超警戒水位(113.00 m)1.27 m。呼兰站水位过程线图见图 3-28。

支流依吉密河北关水文站共发生 4 次超警戒水位洪水,7 月 26 日 0 时 54 分出现最大洪峰水位 100.82 m,超警戒水位(98.50 m)2.32 m,相应流量 1 350 m³/s,重现期近 50 年,流量列 1957 年以来第 2 位(历史最大流量 1 550 m³/s,1968 年 7 月 26 日)。北关水位流量过程线图见图 3-29。

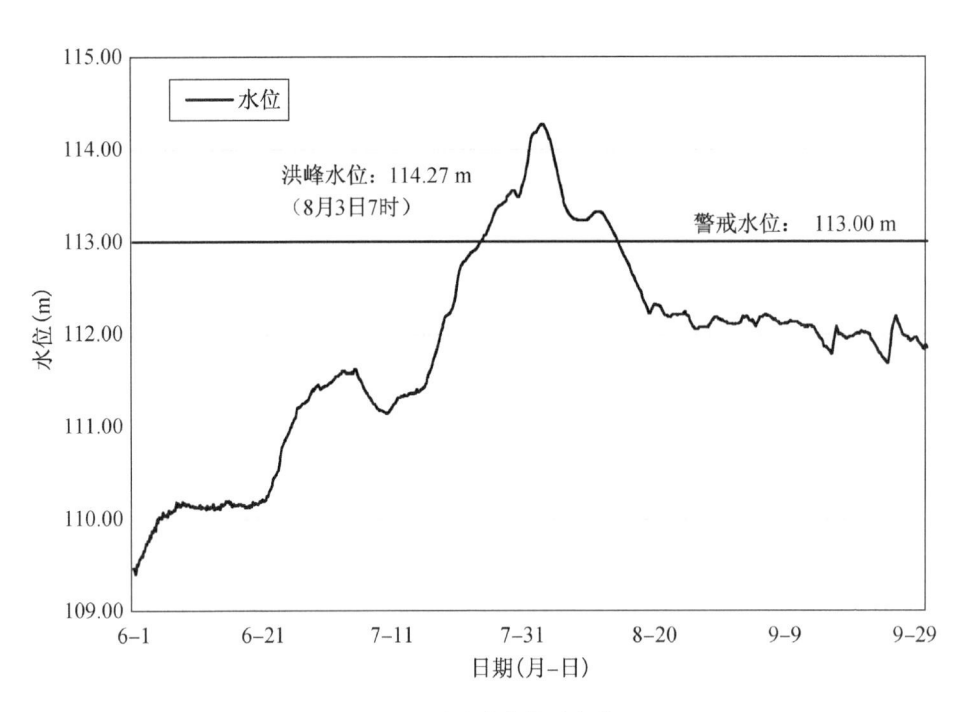

图 3-28 呼兰站水位过程线图

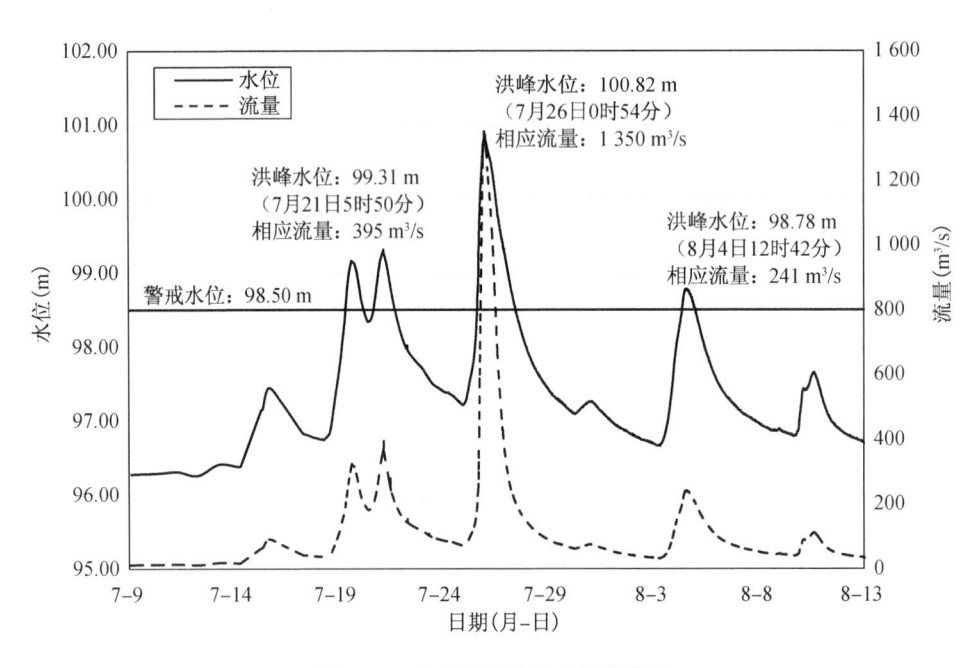

图 3-29 北关站水位流量过程线图

支流欧根河欧根(发展-主槽)水文站 7 月 26 日 11 时洪峰水位 176.91 m,超警戒水位(175.95 m)0.96 m,超保证水位(176.25 m)0.66 m,相应流量 1 400 m³/s,重现期超 100 年,流量列 1971 年以来第 1 位(历史最大流量 1 180 m³/s,2003 年 8 月 24 日)。欧根河(发展-主槽)站水位流量过程线图见图 3-30。

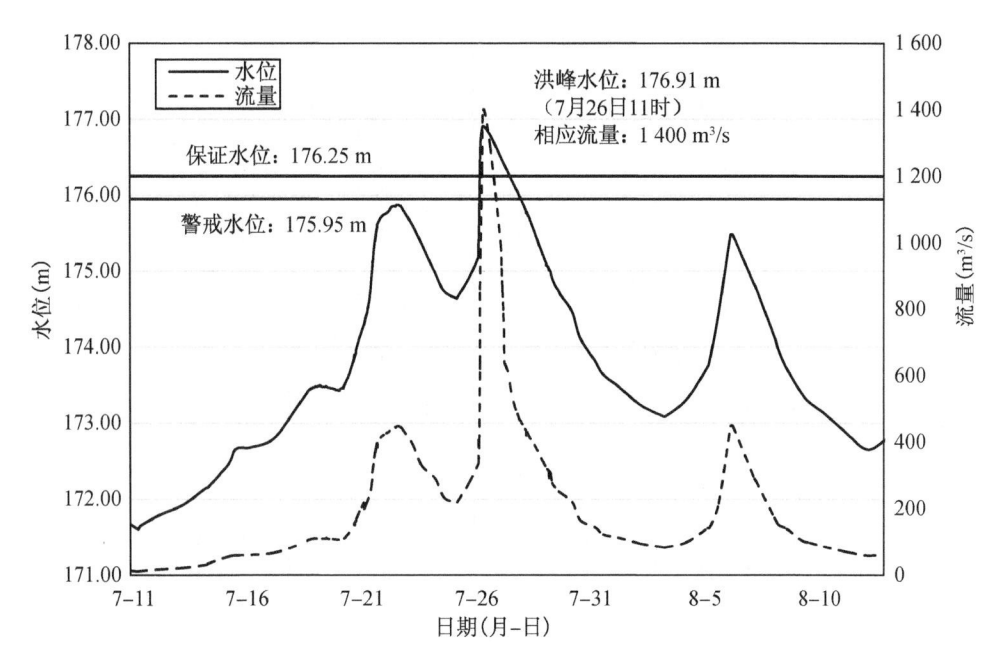

图 3-30 欧根河(发展-主槽)站水位流量过程线图

支流努敏河西北河林场水位站 7 月 26 日 6 时 10 分洪峰水位 87.76 m,超警戒水位(87.50 m)0.26 m。西北河林场站水位过程线图见图 3-31。

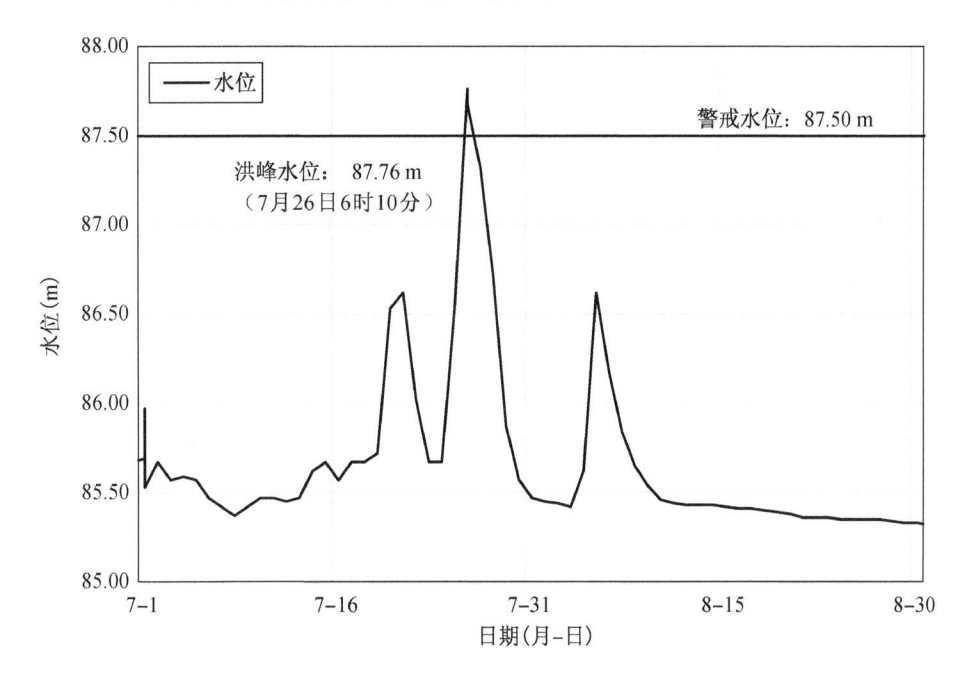

图 3-31 西北河林场站水位过程线图

四海店水位站 7 月 21 日 5 时 48 分洪峰水位 97.71 m,超警戒水位(96.80 m)0.91 m。四海店站水位过程线图见图 3-32。

图 3-32 四海店站水位过程线图

四方台水文站 7 月 30 日 6 时洪峰水位 153.38 m,超警戒水位(152.00 m)1.38 m,相应流量 625 m³/s,重现期近 10 年,流量列 1975 年以来第 3 位(历史最大流量 720 m³/s,1985 年 8 月 19 日)。四方台站水位流量过程线图见图 3-33。

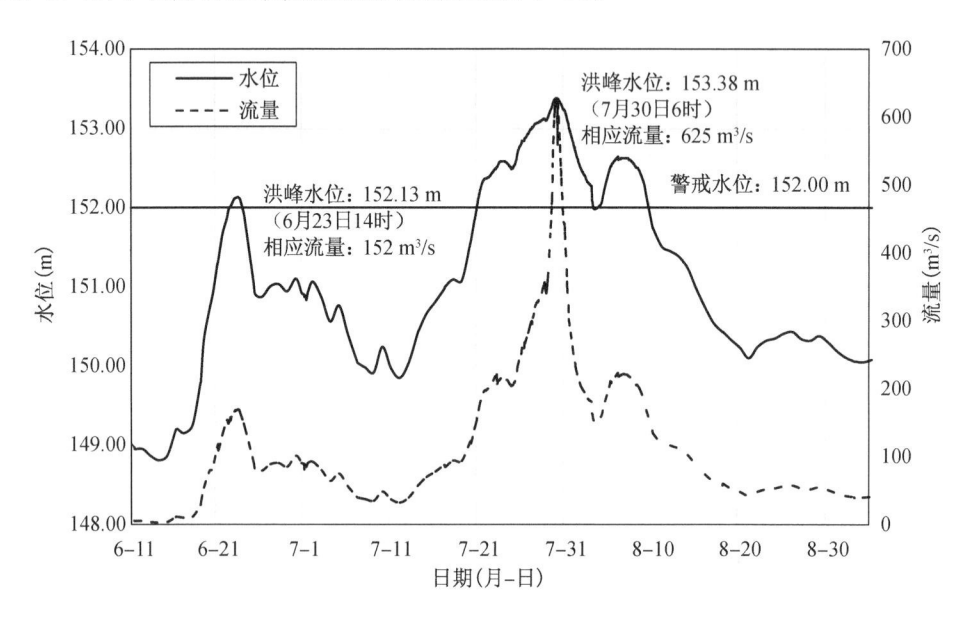

图 3-33 四方台站水位流量过程线图

努敏河支流克音河绥棱水文站发生 2 次超警戒水位洪水:7 月 26 日 5 时洪峰水位 176.40 m,超警戒水位(176.00 m)0.40 m,相应流量 142 m³/s;8 月 4 日 23 时洪峰水位 176.39 m,超警戒水位 0.39 m,相应流量 170 m³/s,重现期超 5 年。绥棱站水位流量过程线图见图 3-34。

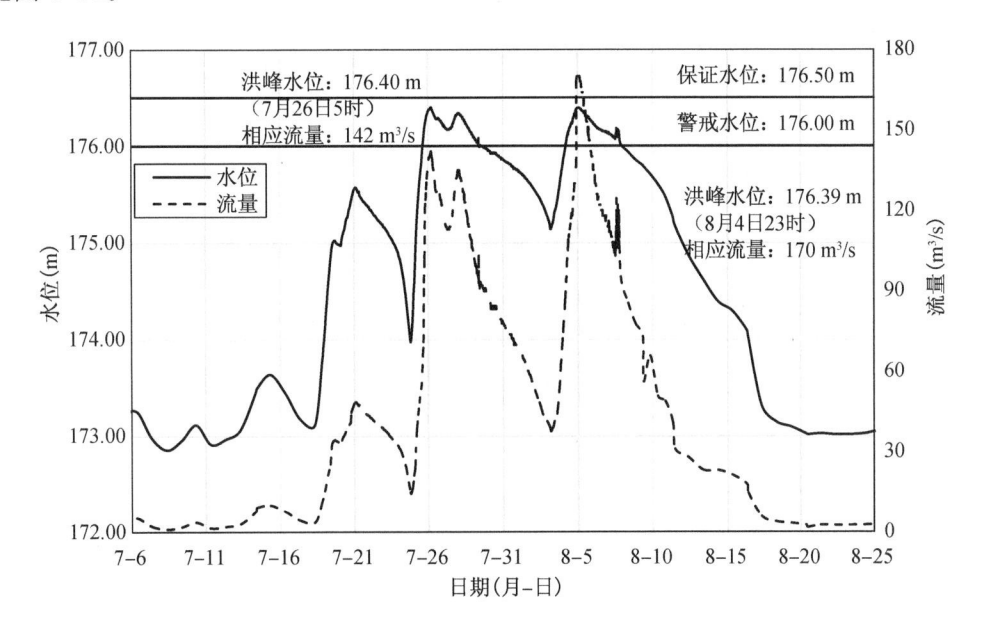

图 3-34　绥棱站水位流量过程线图

支流通肯河海北水文站发生 2 次超警戒水位洪水：7 月 27 日 3 时洪峰水位 196.18 m，超警戒水位(194.60 m)1.58 m，超保证水位(195.80 m)0.38 m，相应流量 306 m³/s，重现期超 10 年，流量列 2005 年有资料以来第 3 位（历史最大流量 385 m³/s，2014 年 7 月 22 日）；8 月 5 日 5 时洪峰水位 194.89 m，超警戒水位 0.29 m，相应流量 113 m³/s。海北站水位流量过程线图见图 3-35。

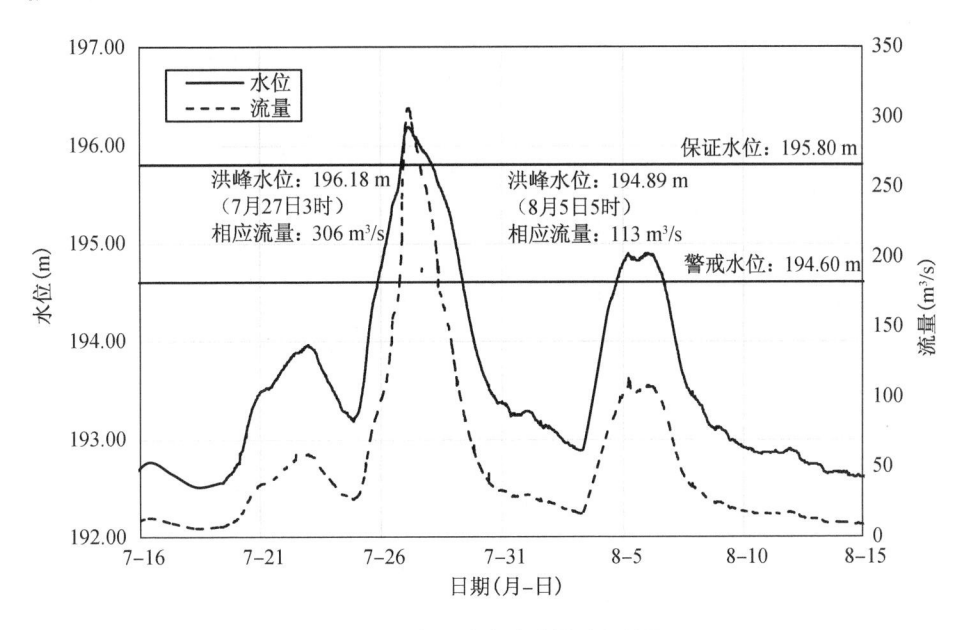

图 3-35　海北站水位流量过程线图

联合(二)水文站发生2次超警戒水位洪水：7月29日23时36分洪峰水位170.55 m，超警戒水位(170.20 m)0.35 m，相应流量308 m³/s，重现期超5年；8月6日7时洪峰水位170.70 m，超警戒水位0.50 m，相应流量363 m³/s，重现期超5年。联合(二)站水位流量过程线图见图3-36。

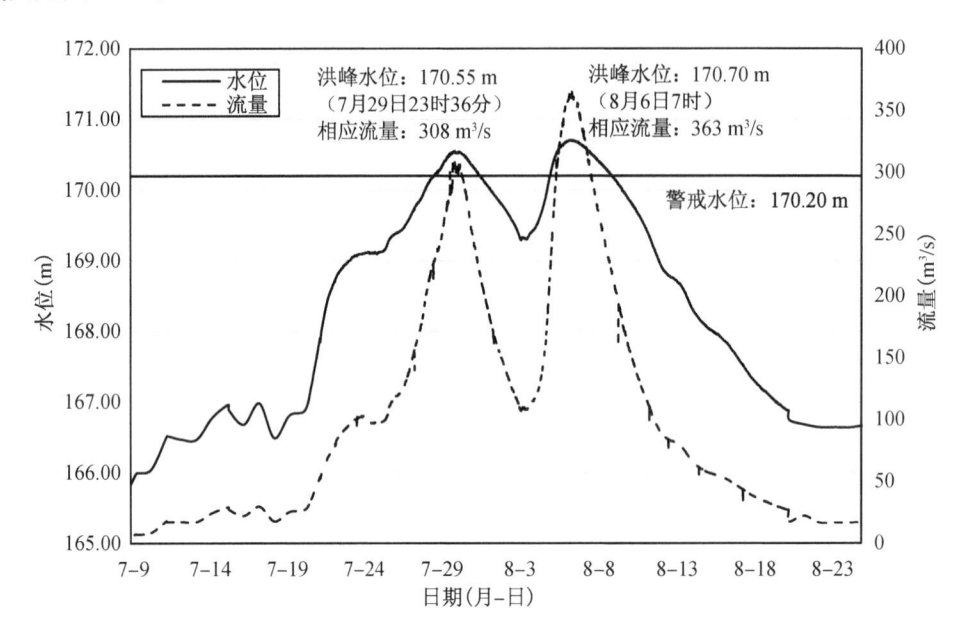

图3-36 联合(二)站水位流量过程线图

青冈(东桥)水文站8月10日11时洪峰水位97.74 m，超警戒水位(97.40 m)0.34 m，相应流量430 m³/s。青冈(东桥)站水位流量过程线图见图3-37。

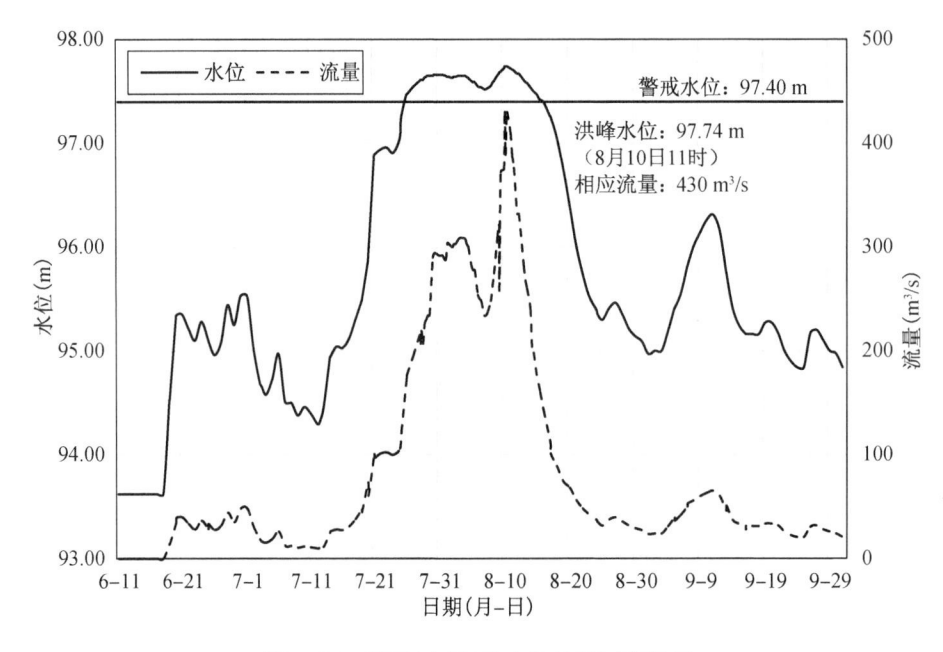

图3-37 青冈(东桥)站水位流量过程线图

支流扎音河陈家店(三)水文站7月26日3时洪峰水位100.00 m,超警戒水位(98.50 m)1.50 m,相应流量223 m³/s,重现期超50年,流量列1970年以来第1位(历史最大流量193 m³/s,2013年7月31日)。陈家店(三)站水位流量过程线图见图3-38。

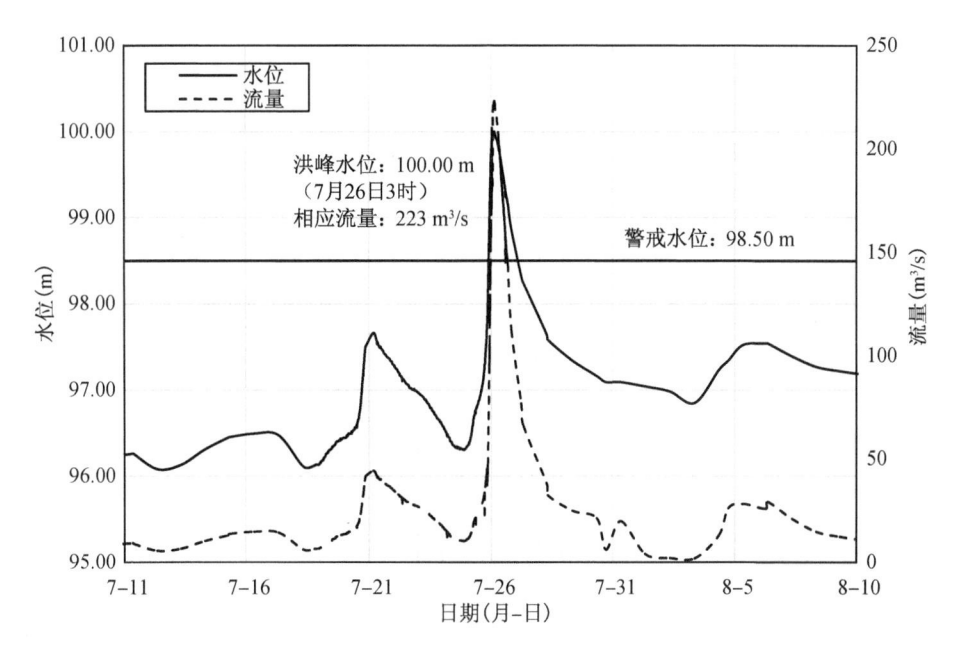

图3-38　陈家店(三)站水位流量过程线图

支流泥河泥河(三)水文站7月28日12时洪峰水位151.60 m,超警戒水位(151.00 m)0.60 m,洪峰流量72.9 m³/s,重现期超5年。泥河(三)站水位流量过程线图见图3-39。

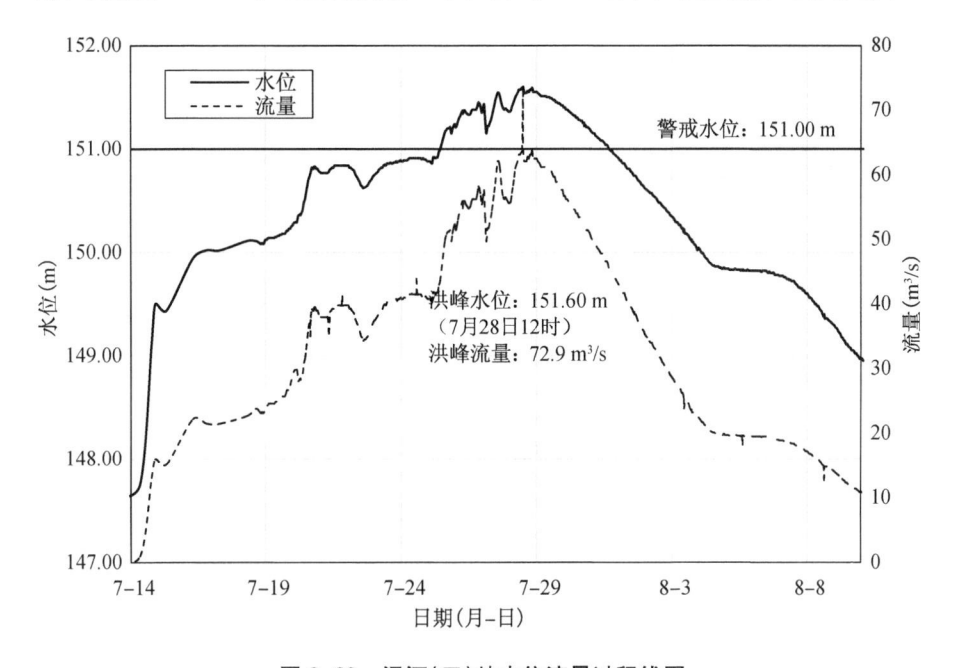

图3-39　泥河(三)站水位流量过程线图

(2) 汤旺河

汤旺河干流及 2 条一级支流发生超警以上洪水。汤旺河下游发生近 20 年大洪水，伊春河、西南岔河发生超 20 年大洪水。

伊新水文站 7 月 25 日 20 时水位 101.00 m，达到警戒水位（101.00 m），为汤旺河 2018 年第 1 号洪水。7 月 26 日 12 时洪峰水位 101.76 m，超警戒水位 0.76 m，相应流量 2 000 m³/s，重现期近 10 年，流量列 1958 年以来第 3 位（历史最大流量 4 000 m³/s，1961 年 8 月 8 日）。伊新站水位流量过程线图见图 3-40。

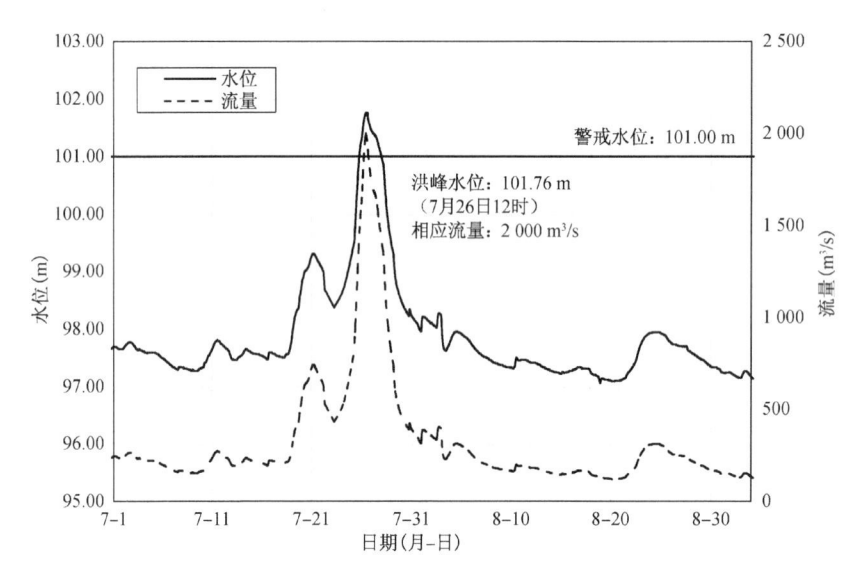

图 3-40　伊新站水位流量过程线图

西林水位站 7 月 26 日 6 时 24 分出现洪峰，洪峰水位 99.71 m，超警戒水位（98.00 m）1.71 m，超保证水位（99.00 m）0.71 m，重现期超 50 年。西林站水位过程线图见图 3-41。

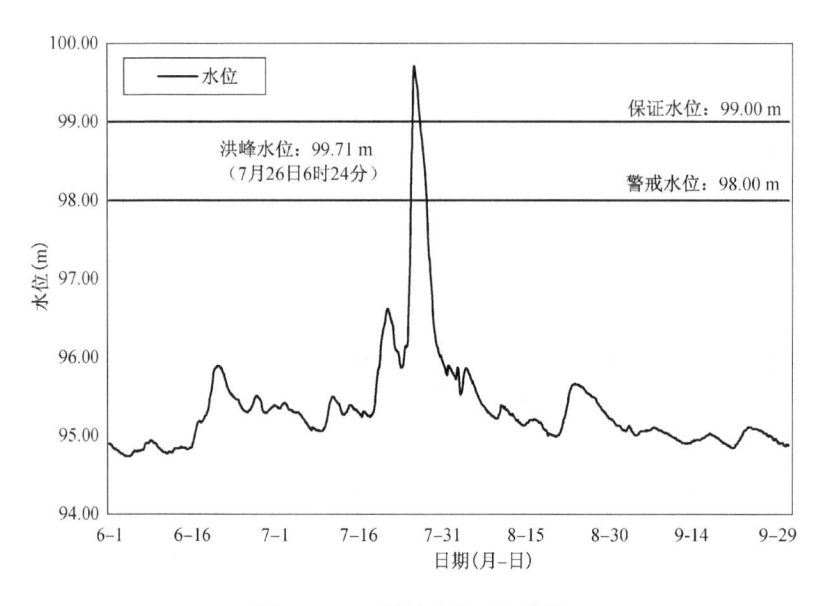

图 3-41　西林站水位过程线图

晨明(二)水文站 7 月 26 日 19 时 30 分出现洪峰,洪峰水位 95.91 m,超警戒水位(93.50 m)2.41 m,相应流量 4 650 m³/s,重现期近 20 年,流量列 1954 年有资料以来第 2 位(历史最大流量 5 280 m³/s,1961 年 8 月 9 日)。晨明(二)站水位流量过程线图见图 3-42。

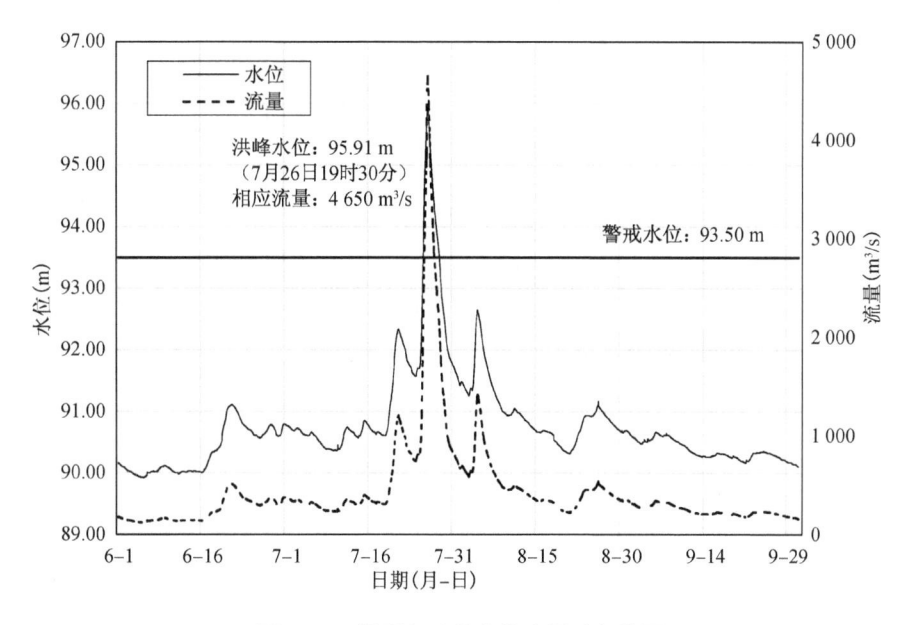

图 3-42　晨明(二)站水位流量过程线图

支流伊春河伊春(三)水文站 7 月 26 日 7 时 36 分出现洪峰,洪峰水位 100.59 m,超警戒水位(99.00 m)1.59 m,超保证水位(100.26 m)0.33 m,相应流量 1 450 m³/s,重现期 50 年,流量列 1957 年有资料以来第 1 位(历史最大流量 1 230 m³/s,1988 年 7 月 14 日)。伊春(三)站水位流量过程线图见图 3-43。

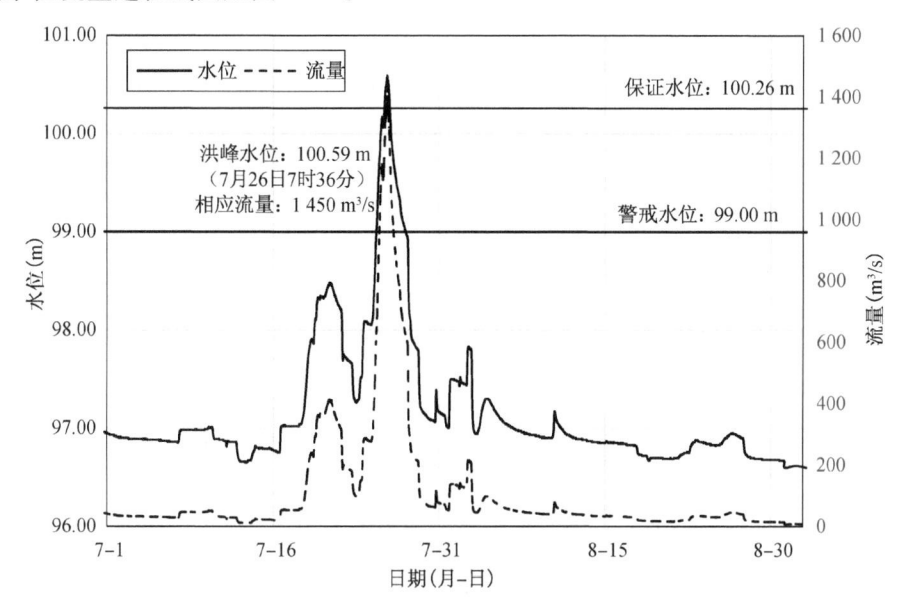

图 3-43　伊春(三)站水位流量过程线图

支流西南岔河南岔(二)水文站发生2次超警戒水位洪水:7月26日12时24分出现洪峰,洪峰水位95.08 m,超警戒水位(94.00 m)1.08 m,超过保证水位(95.00 m)0.08 m,相应流量970 m³/s,重现期超10年,流量列1957年有资料以来第3位(历史最大流量1 750 m³/s,1996年7月30日);8月4日13时36分洪峰水位94.54 m,超警戒水位0.54 m,相应流量662 m³/s,重现期超5年。南岔(二)站水位流量过程线图见图3-44。

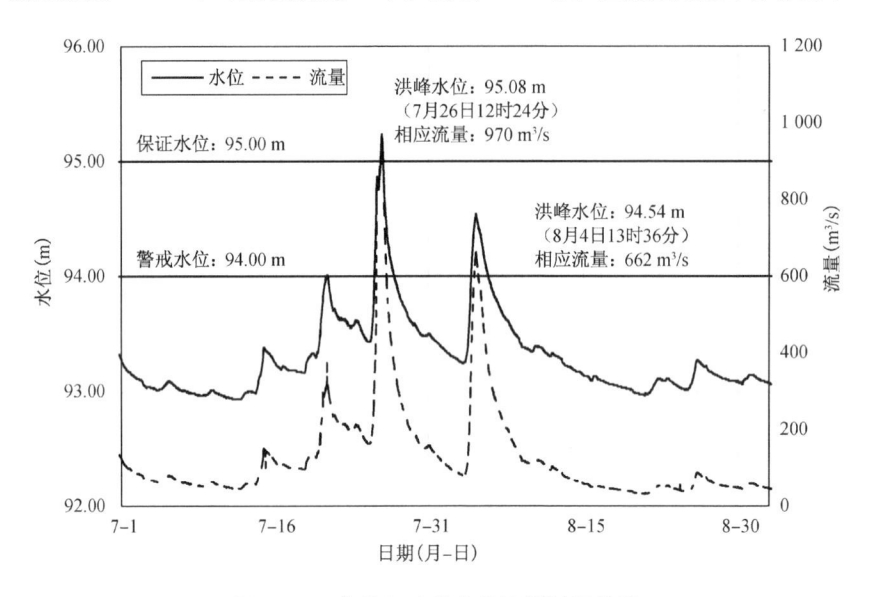

图3-44 南岔(二)站水位流量过程线图

支流永翠河带岭(二)水文站7月26日8时10分洪峰水位100.00 m,超警戒水位(98.50 m)1.50 m,超保证水位(99.50 m)0.50 m,相应流量552 m³/s,重现期超20年,流量列1959年有资料以来第3位(历史最大流量802 m³/s,1968年7月26日)。带岭(二)站水位流量过程线图见图3-45。

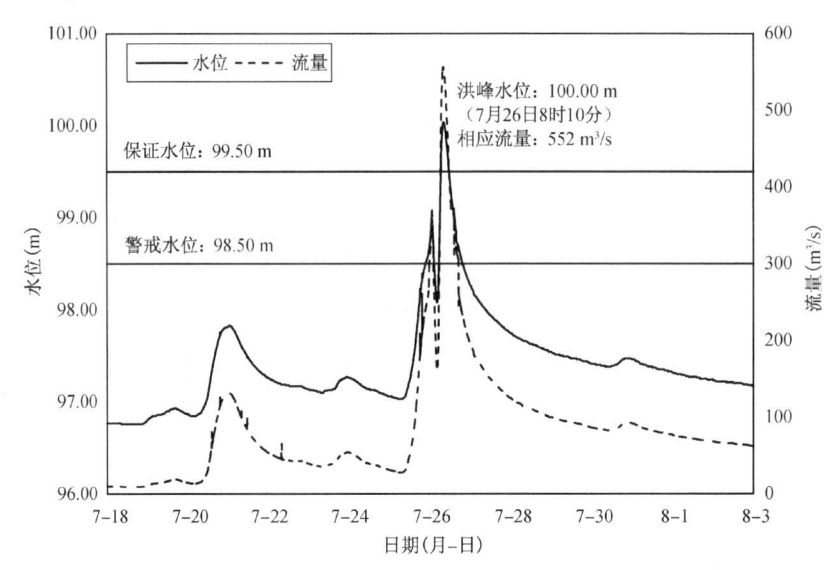

图3-45 带岭(二)站水位流量过程线图

（3）拉林河

支流牤牛河四平山水文站发生 2 次超警戒水位洪水：8 月 31 日 23 时 30 分洪峰水位 95.01 m，超警戒水位（94.80 m）0.21 m，相应流量 240 m³/s；9 月 6 日 13 时洪峰水位 94.88 m，超警戒水位 0.08 m，相应流量 211 m³/s。四平山站水位流量过程线图见图 3-46。

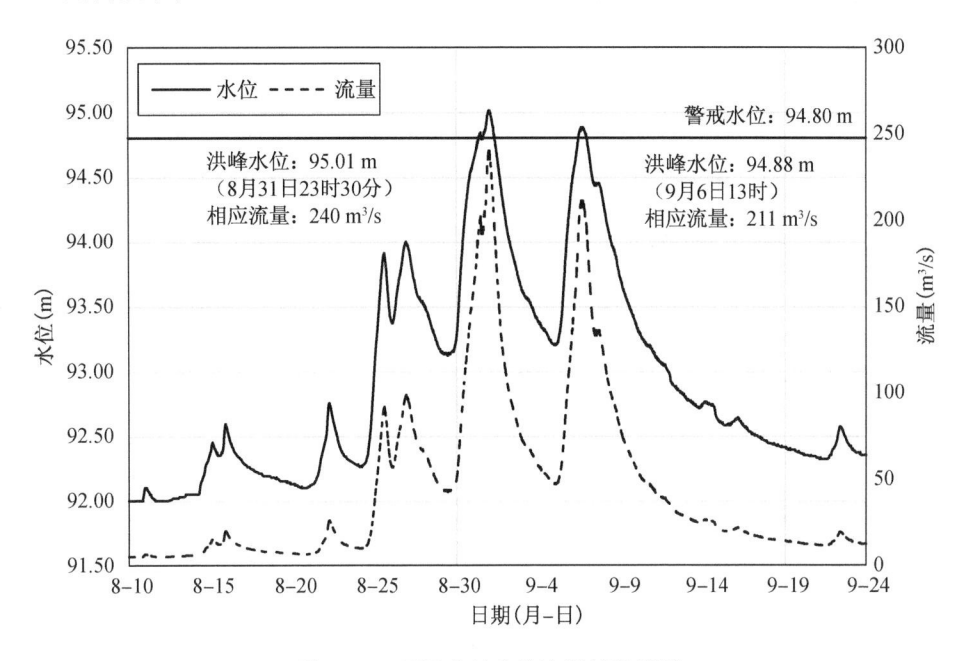

图 3-46　四平山站水位流量过程线图

大碾子沟（二）水文站 9 月 4 日 6 时洪峰水位 167.76 m，超警戒水位（167.50 m）0.26 m，相应流量 823 m³/s。大碾子沟（二）站水位流量过程线图见图 3-47。

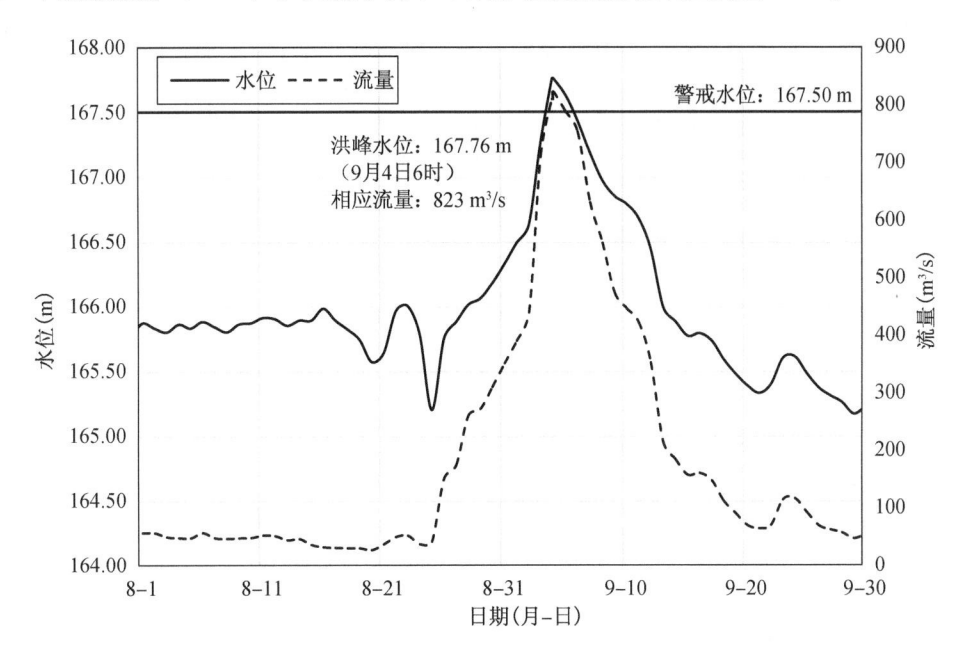

图 3-47　大碾子沟（二）站水位流量过程线图

牤牛河支流大泥河老街基水文站发生2次超警戒水位洪水:8月26日4时36分洪峰水位104.38 m,超警戒水位(104.30 m)0.08 m,相应流量86.4 m³/s;8月31日21时54分洪峰水位105.07 m,超警戒水位0.77 m,相应流量177 m³/s,重现期超5年。老街基站水位流量过程线图见图3-48。

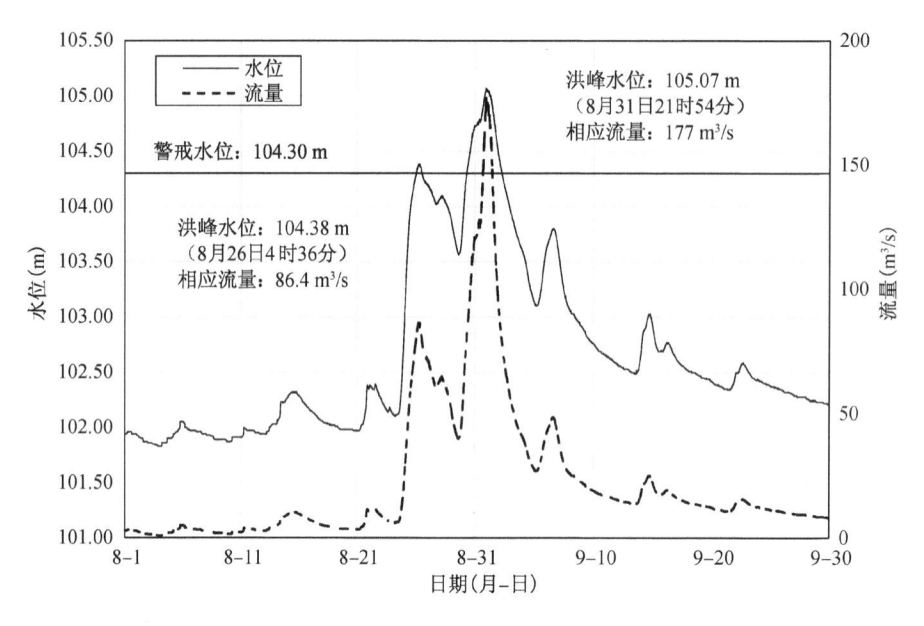

图 3-48 老街基站水位流量过程线图

牤牛河支流冲河冲河桥水文站8月31日21时洪峰水位96.88 m,超警戒水位(96.50 m)0.38 m,相应流量395 m³/s,重现期超5年,流量列1976年以来第6位(历史最大流量662 m³/s,1991年7月24日)。冲河桥站水位流量过程线图见图3-49。

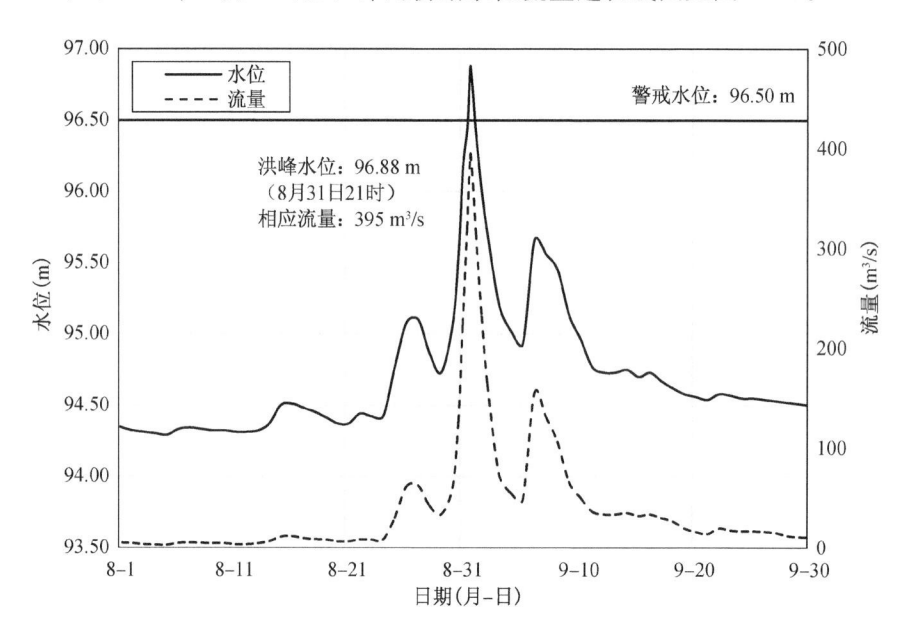

图 3-49 冲河桥站水位流量过程线图

(4) 牡丹江

牡丹江干流及 3 条支流 4 站发生超警戒水位以上洪水,其中牡丹江上游发生大洪水。

牡丹江大山咀子水文站 8 月 26 日 9 时洪峰水位 356.39 m,超警戒水位(355.50 m) 0.89 m,相应流量 1 920 m³/s,重现期 20 年,流量列 1958 年以来第 5 位(历史最大流量 3 160 m³/s,1960 年 8 月 25 日)。大山咀子站水位流量过程线图见图 3-50。

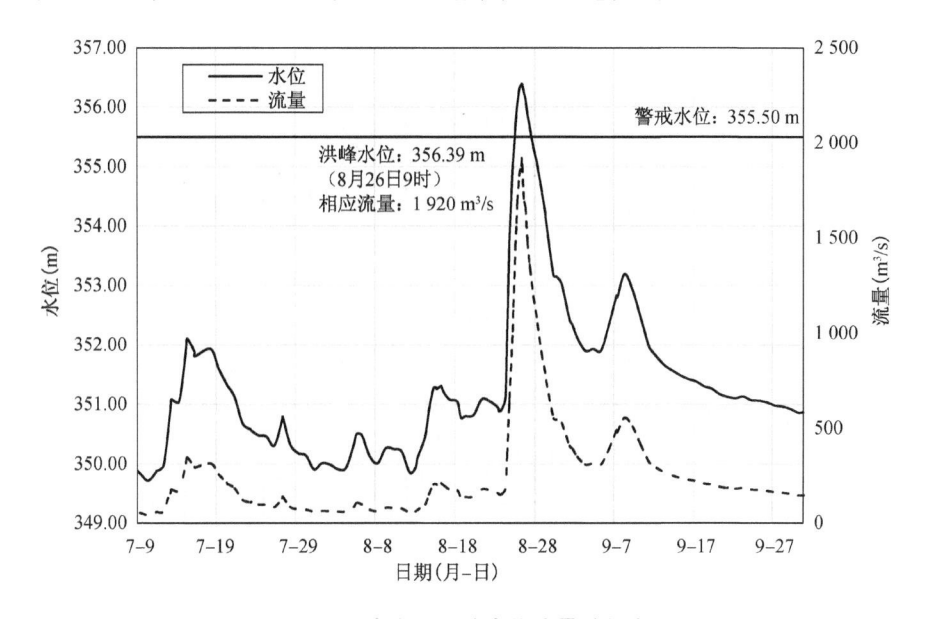

图 3-50 大山咀子站水位流量过程线图

支流黄泥河秋梨沟水文站 8 月 25 日 5 时洪峰水位 481.35 m,超警戒水位(480.80 m) 0.55 m,相应流量 156 m³/s,重现期超 5 年,流量列 1959 年以来第 5 位(历史最大流量 346 m³/s, 1989 年 7 月 23 日)。秋梨沟站水位流量过程线图见图 3-51。

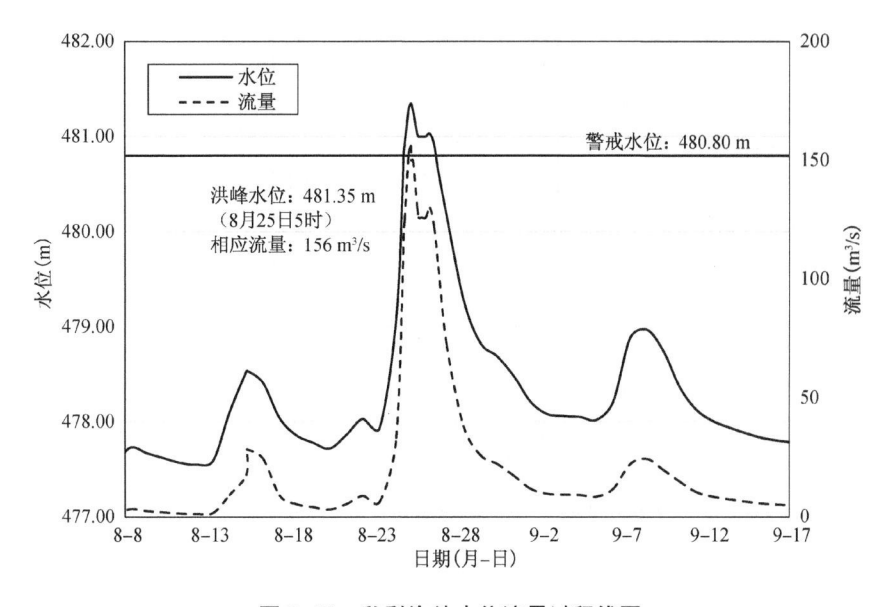

图 3-51 秋梨沟站水位流量过程线图

支流沙河东昌水文站 8 月 27 日 6 时洪峰水位 522.26 m,超警戒水位(521.32 m) 0.94 m,相应流量 192 m³/s,列 1981 年以来第 3 位(历史最大流量 433 m³/s,2017 年 7 月 23 日)。东昌站水位流量过程线图见图 3-52。

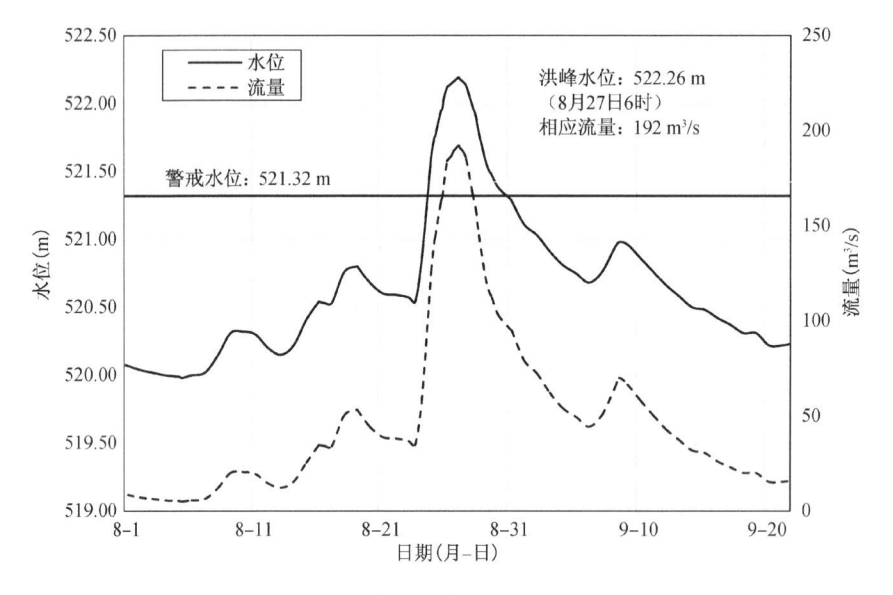

图 3-52　东昌站水位流量过程线图

支流横道河子横道河子水文站发生 4 次超警戒水位洪水:8 月 14 日 17 时 48 分洪峰水位 98.58 m,超警戒水位(98.35 m)0.23 m,相应流量 75.2 m³/s,重现期超 10 年,列 1971 年有资料以来第 3 位(历史最大流量 127 m³/s,1991 年 7 月 30 日);8 月 25 日 9 时 6 分洪峰水位 98.57 m,超警戒水位 0.22 m,相应流量 73.6 m³/s,重现期超 10 年。横道河子站水位流量过程线图见图 3-53。

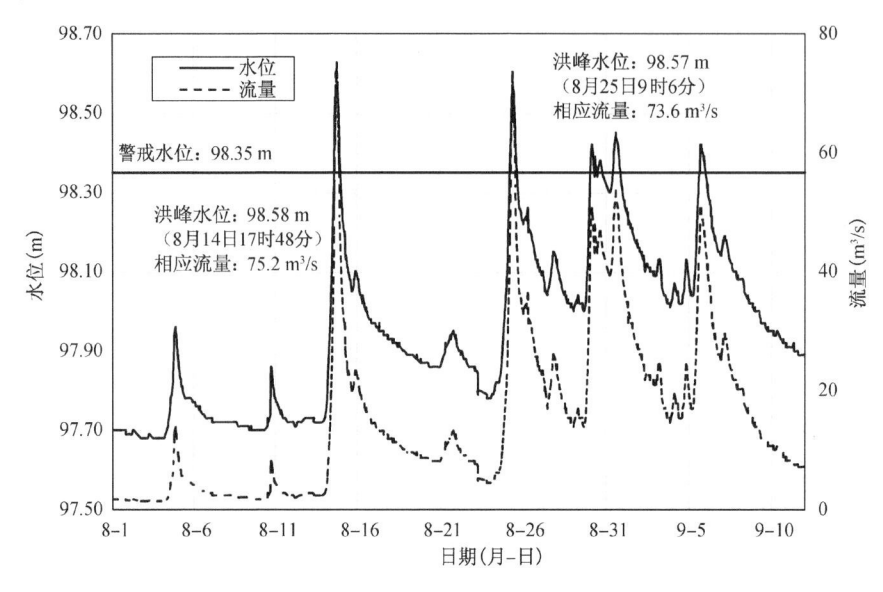

图 3-53　横道河子站水位流量过程线图

（5）蚂蚁河

蚂蚁河发生 2018 年第 1 号洪水,干流及 1 条支流 4 站发生超警戒水位洪水。

一面坡水位站 8 月 31 日 21 时洪峰水位 97.74 m,超警戒水位(97.30 m)0.44 m。一面坡站水位过程线图见图 3-54。

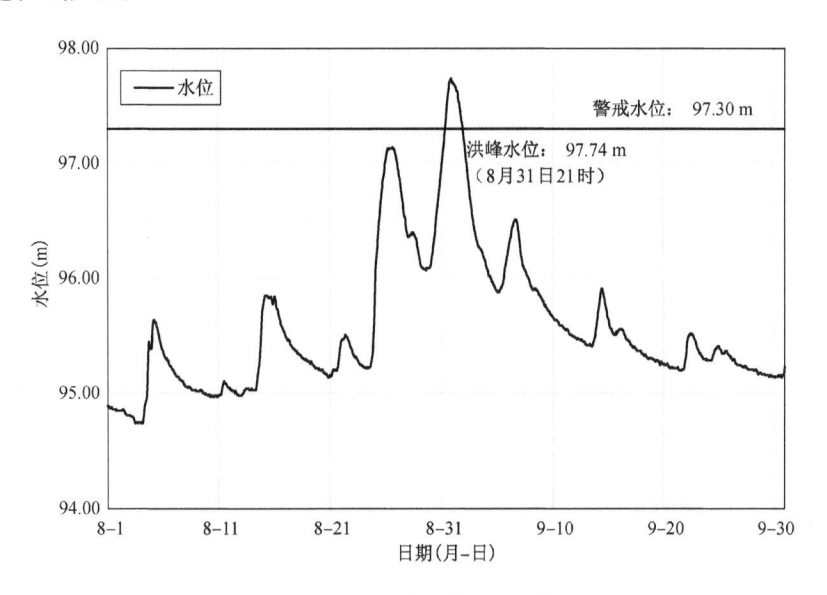

图 3-54　一面坡站水位过程线图

延寿水文站发生 2 次超警戒水位洪水:8 月 26 日 17 时水位 98.05 m,超警戒水位(98.00 m)0.05 m,达到《黑龙江省主要江河洪水编号实施办法》规定的编号标准,为蚂蚁河 2018 年第 1 号洪水。8 月 27 日 20 时洪峰水位 98.41 m,超警戒水位 0.41 m,洪峰流量 1 080 m³/s,重现期超 5 年;9 月 1 日 10 时 6 分洪峰水位 98.39 m,超警戒水位 0.39 m,相应流量 1 140 m³/s。延寿站水位流量过程线图见图 3-55。

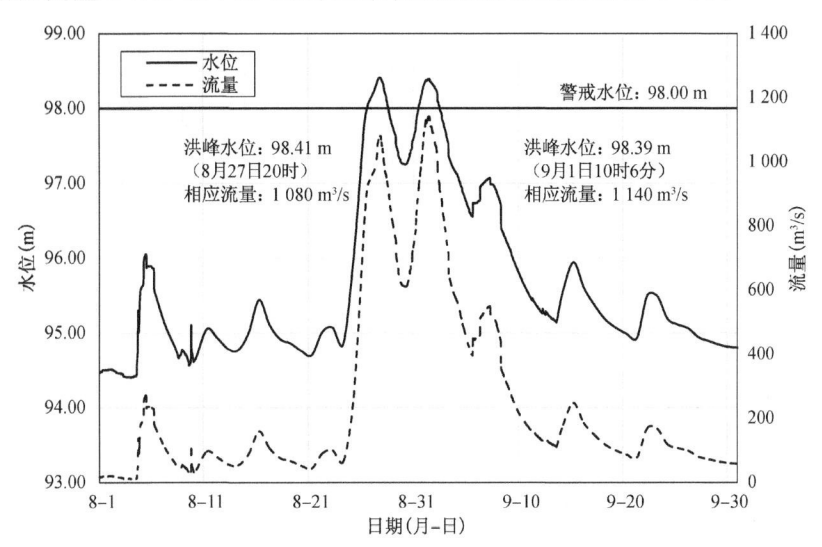

图 3-55　延寿站水位流量过程线图

莲花(二)水文站8月28日13时洪峰水位99.54 m,超警戒水位(99.00 m)0.54 m,相应流量1 740 m³/s,流量列1957年以来第5位(历史最大流量4 060 m³/s,1994年7月15日);9月1日23时洪峰水位99.51 m,超警戒水位0.51 m,相应流量1 710 m³/s。莲花(二)站水位流量过程线图见图3-56。

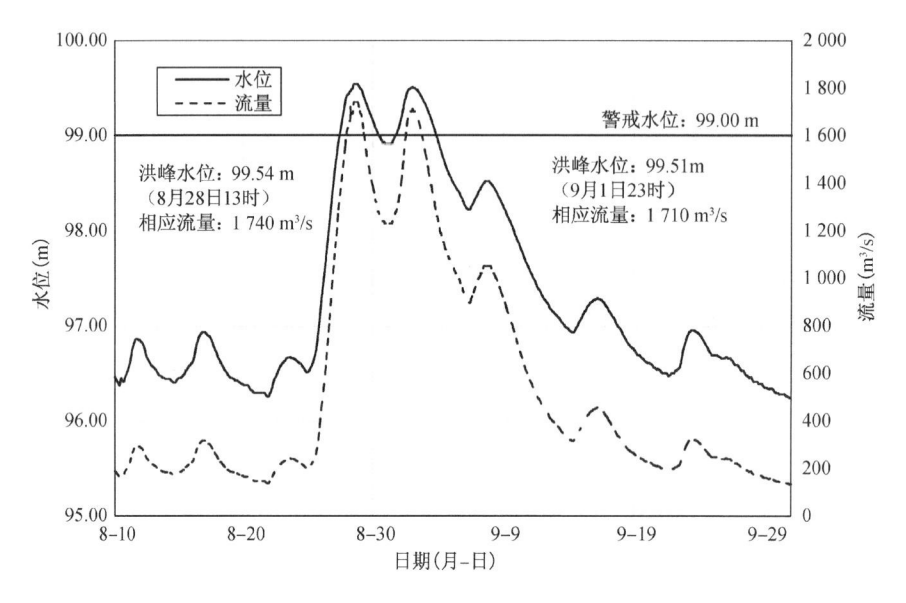

图 3-56　莲花(二)站水位流量过程线图

支流黄泥河杨树(二)水文站发生2次超警戒水位洪水:8月26日10时30分洪峰水位99.86 m,超警戒水位(99.50 m)0.36 m,相应流量285 m³/s,重现期超5年;8月31日19时36分洪峰水位100.02 m,超警戒水位0.52 m,相应流量326 m³/s,重现期超5年。杨树(二)站水位流量过程线图见图3-57。

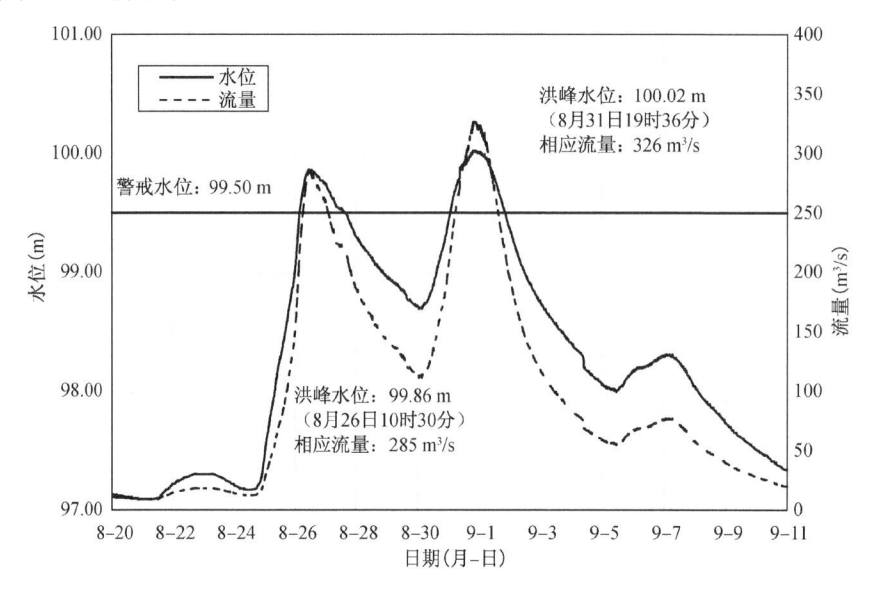

图 3-57　杨树(二)站水位流量过程线图

(6) 其他支流

巴兰河烟筒山水文站发生 3 次超警戒水位洪水:7 月 21 日 7 时 12 分洪峰水位 97.60 m,超警戒水位(97.50 m)0.10 m,相应流量 359 m³/s;7 月 26 日 10 时洪峰水位 97.93 m,超警戒水位 0.43 m,相应流量 440 m³/s,重现期超 5 年;8 月 4 日 16 时洪峰水位 98.21 m,超警戒水位 0.71 m,相应流量 507 m³/s,重现期超 5 年。烟筒山站水位流量过程线图见图 3-58。

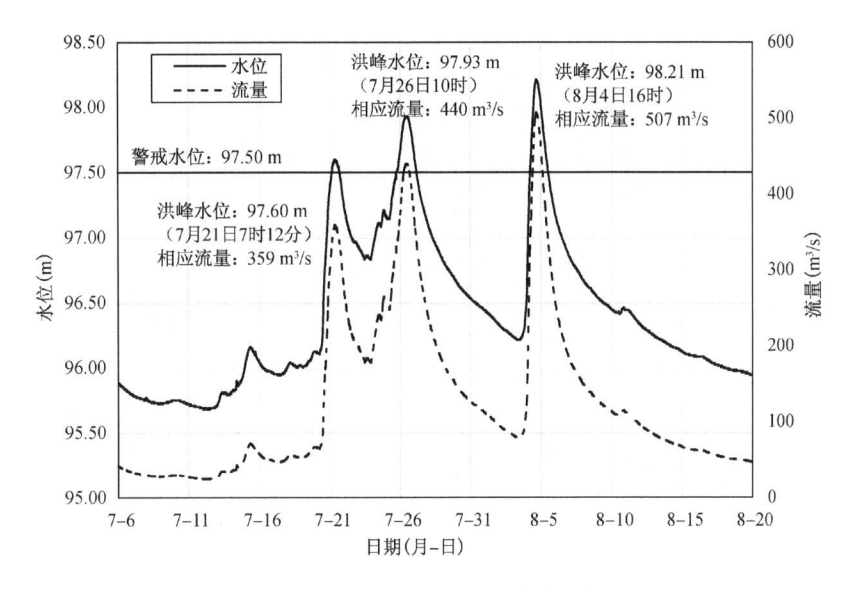

图 3-58 烟筒山站水位流量过程线图

倭肯河支流八虎力河支流北柳树河孟家岗(北)水文站发生 2 次超警戒水位洪水:7 月 21 日 2 时 24 分洪峰水位 182.81 m,超警戒水位(182.70 m)0.11 m,相应流量 19.6 m³/s;8 月 4 日 14 时 6 分洪峰水位 182.83 m,超警戒水位 0.13 m,相应流量 19.8 m³/s。孟家岗(北)站水位流量过程线图见图 3-59。

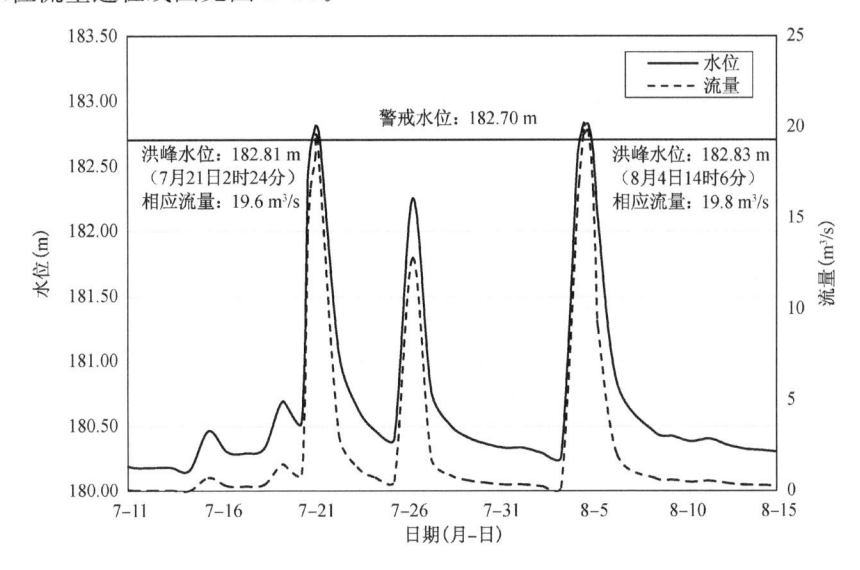

图 3-59 孟家岗(北)站水位流量过程线图

倭肯河支流八虎力河支流南柳树河孟家岗(南)水文站8月4日17时洪峰水位183.71 m，超警戒水位(183.50 m)0.21 m，相应流量27.8 m³/s。孟家岗(南)站水位流量过程线图见图3-60。

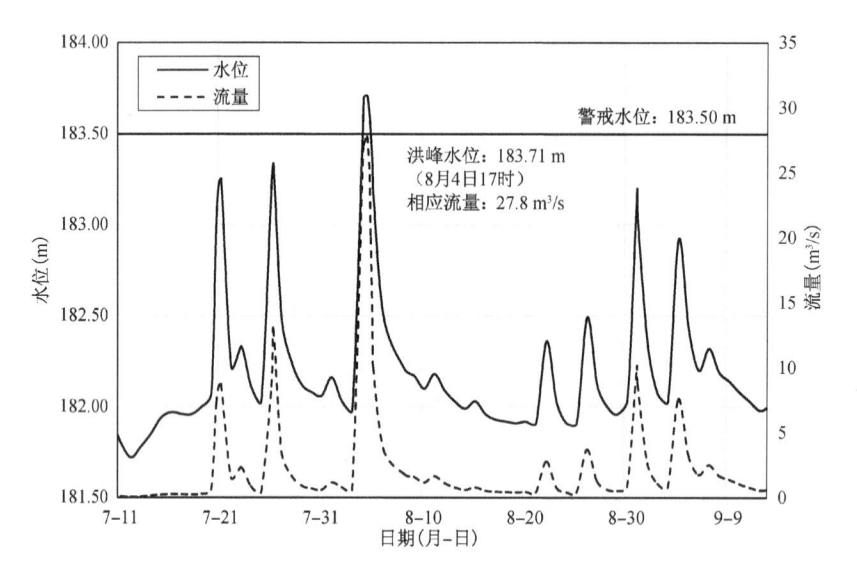

图3-60 孟家岗(南)站水位流量过程线图

6. 乌苏里江

乌苏里江干流及2条支流7站发生超警戒水位洪水，其中穆棱河发生2018年第1号洪水，乌苏里江干流发生超保洪水。

虎头水文站9月12日21时洪峰水位54.29 m，超警戒水位(53.00 m)1.29 m，超保证水位(54.05 m)0.24 m，9月12日7时19分洪峰流量4 120 m³/s，水位列1951年以来第5位(历史最高水位54.88 m，2013年9月13日)。虎头站水位流量过程线图见图3-61。

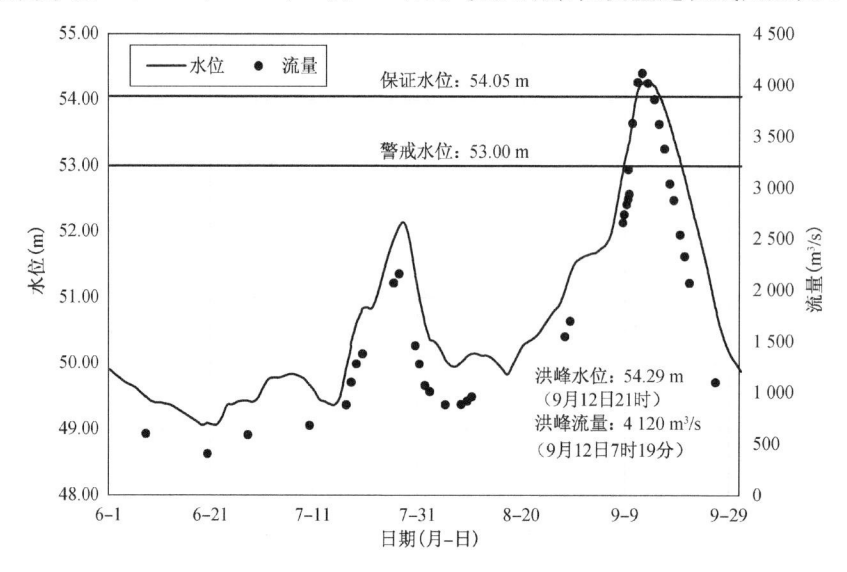

图3-61 虎头站水位流量过程线图

饶河水位站 9 月 16 日 9 时 39 分洪峰水位 98.08 m，超警戒水位(97.85 m)0.23 m，水位列 1956 年以来第 7 位(历史最高水位 99.35 m，1971 年 8 月 23 日)。饶河站水位过程线图见图 3-62。

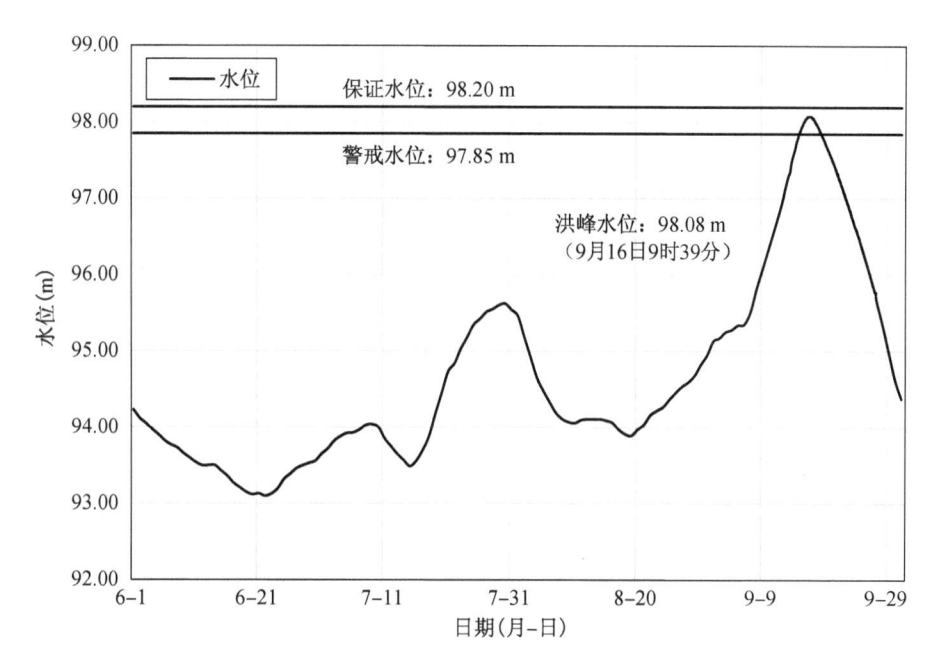

图 3-62 饶河站水位过程线图

海青水文站 9 月 18 日 20 时洪峰水位 99.88 m，9 月 12 日 9 时 19 分，流量 5 580 m³/s。海青站水位流量过程线图见图 3-63。

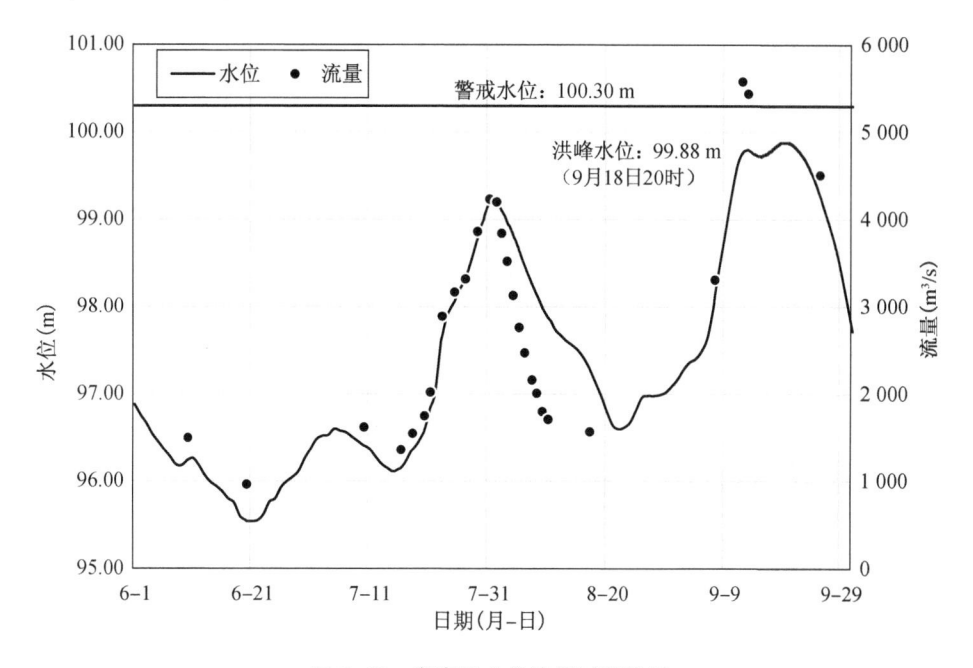

图 3-63 海青站水位流量过程线图

支流穆棱河穆棱水文站 8 月 25 日 10 时 54 分洪峰水位 327.81 m,超警戒水位(327.50 m) 0.31 m,相应流量 415 m³/s,重现期约 5 年。穆棱站水位流量过程线图见图 3-64。

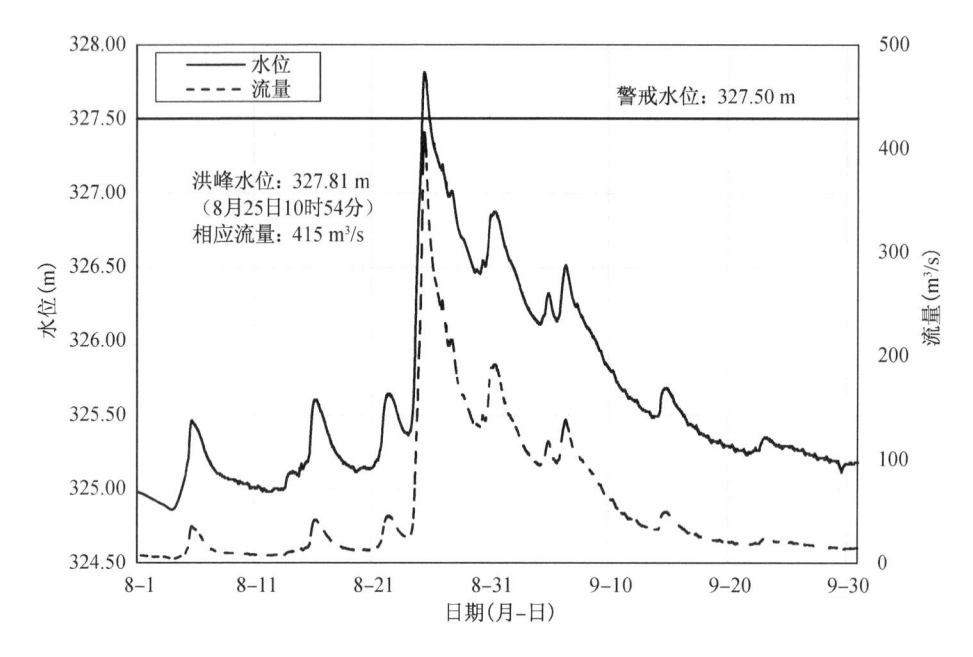

图 3-64　穆棱站水位流量过程线图

梨树镇水文站 8 月 26 日 12 时水位 91.00 m,达到警戒水位(91.00 m),达到《黑龙江省主要江河洪水编号实施办法》规定的编号标准,为穆棱河 2018 年第 1 号洪水。8 月 27 日 13 时洪峰水位 91.85 m,超警戒水位 0.85 m,相应流量 600 m³/s。梨树镇站水位流量过程线图见图 3-65。

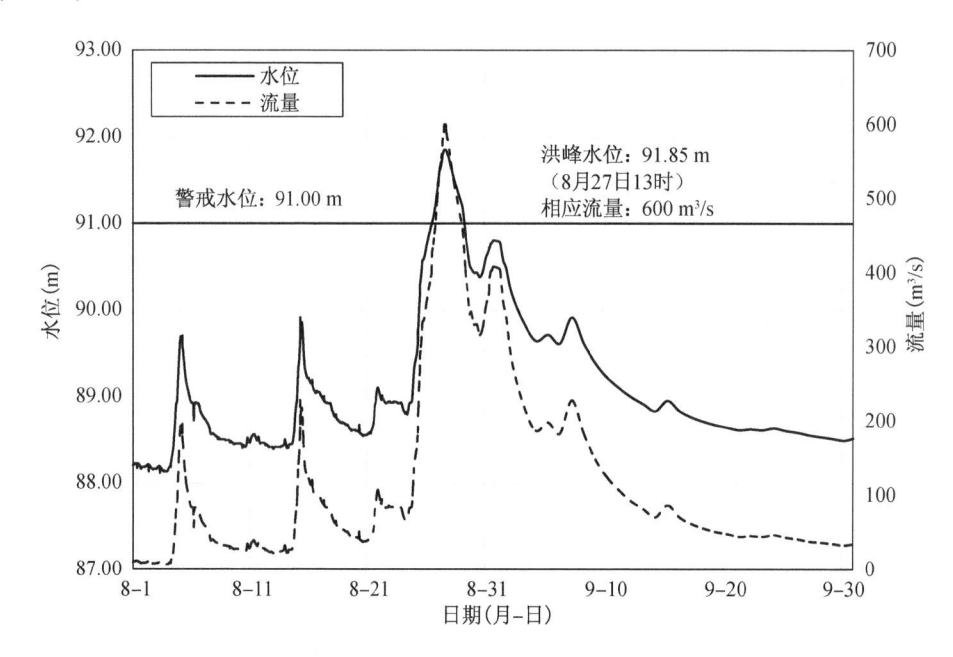

图 3-65　梨树镇站水位流量过程线图

密山桥（河道）水文站 9 月 1 日 20 时洪峰水位 116.31 m，超警戒水位（115.70 m）0.61 m，超保证水位（116.00 m）0.31 m，相应流量 679 m³/s，水位列 1950 年以来第 3 位（历史最高水位 116.90 m，1991 年 8 月 1 日）。密山桥（河道）站水位流量过程线图见图 3-66。

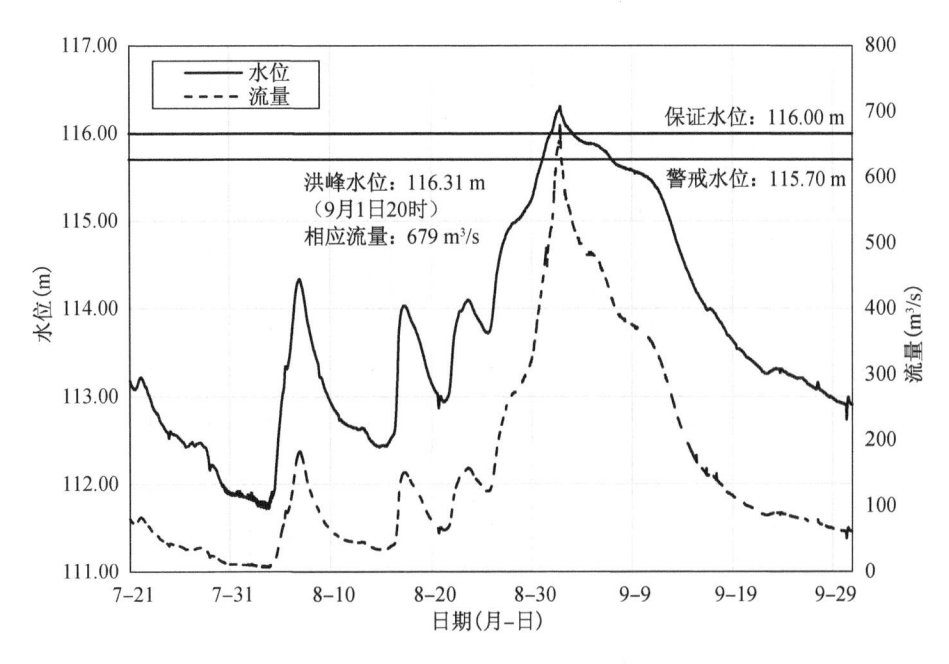

图 3-66　密山桥（河道）站水位流量过程线图

湖北闸（穆）水文站 9 月 7 日 15 时 20 分洪峰水位 87.71 m，超警戒水位（87.60 m）0.11 m，相应流量 628 m³/s。湖北闸（穆）站水位流量过程线图见图 3-67。

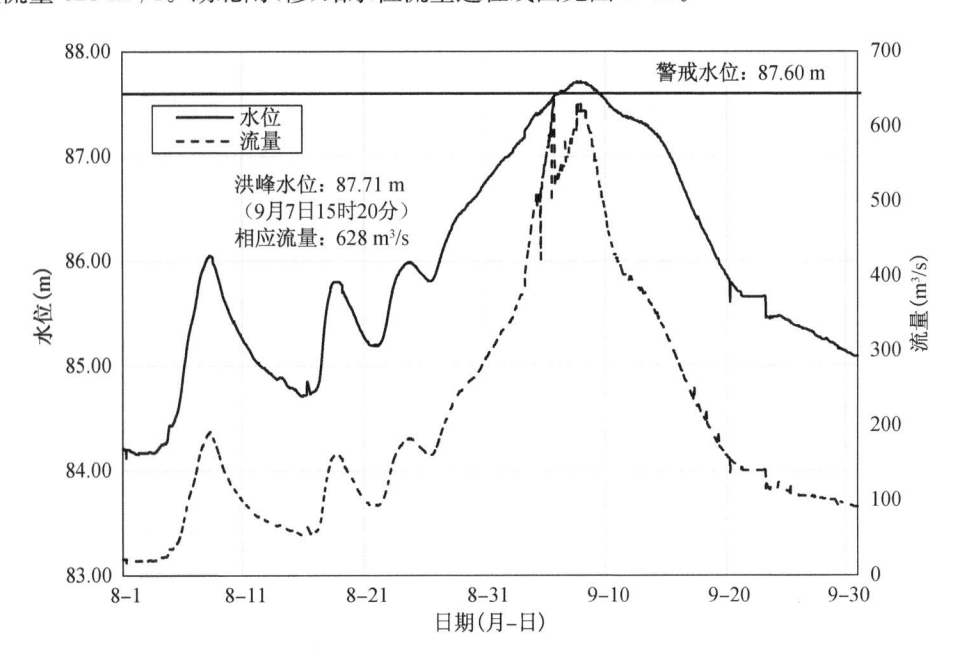

图 3-67　湖北闸（穆）站水位流量过程线图

支流别拉洪河别拉洪水文站 7 月 29 日 8 时洪峰水位 95.95 m,超警戒水位(95.90 m)0.05 m,相应流量 76.2 m³/s;9 月 8 日 2 时洪峰水位 96.17 m,超警戒水位 0.27 m,相应流量 122 m³/s。别拉洪站水位流量过程线图见图 3-68。

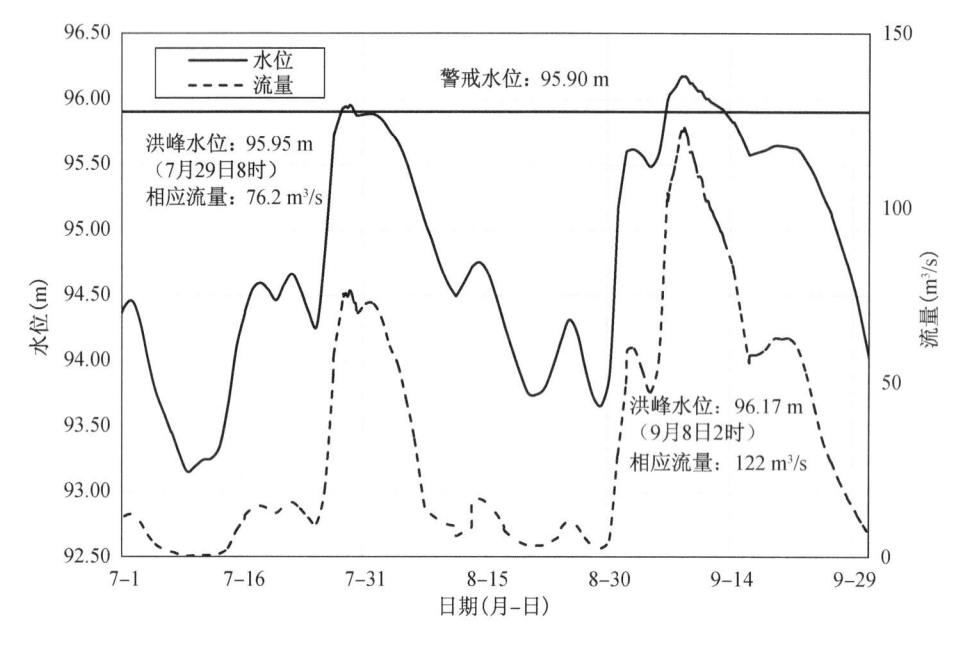

图 3-68　别拉洪站水位流量过程线图

支流大乌苏尔卡河瓦古通水文站 9 月 11 日 8 时洪峰水位 7.01 m,超警戒水位(6.80 m)0.21 m,相应流量 3 120 m³/s。瓦古通站水位流量过程线图见图 3-69。

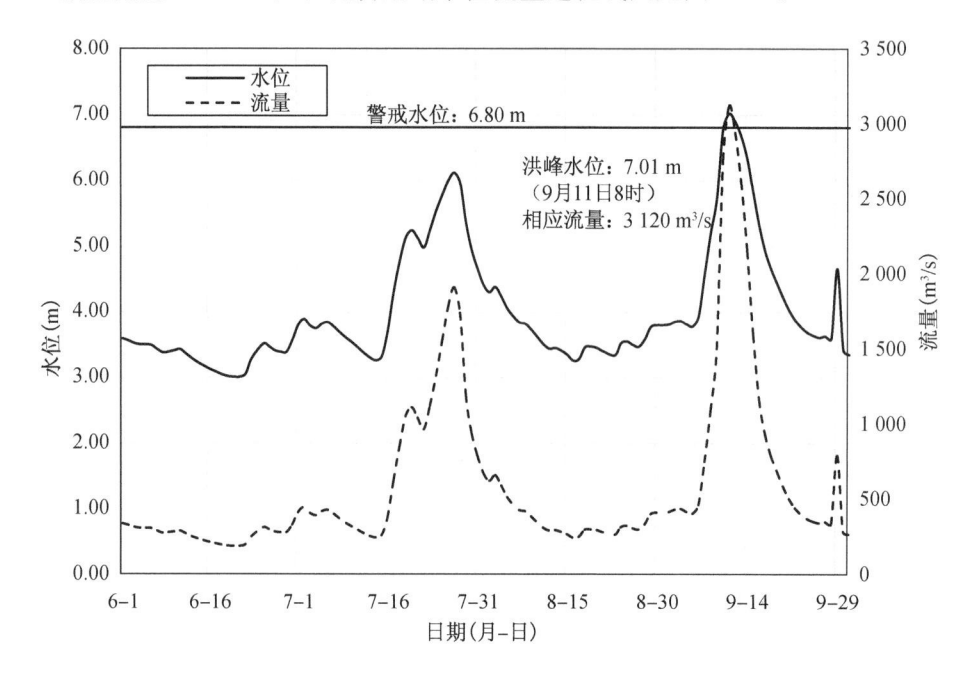

图 3-69　瓦古通站水位流量过程线图

7. 绥芬河

受19号台风"苏力"、20号台风"西马仑"外围水汽和高空冷涡共同影响,绥芬河发生2018年第1号洪水,共1条河流2站发生超警戒水位洪水。

绥芬河东宁水文站8月25日13时水位114.62 m,超警戒水位(114.60 m)0.02 m,达到《黑龙江省主要江河洪水编号实施办法》规定的编号标准,为绥芬河2018年第1号洪水。8月26日0时18分洪峰水位114.87 m,超警戒水位0.27 m,相应流量1 750 m³/s,流量列1957年以来第5位(历史最大流量5 100 m³/s,1965年8月8日),重现期超5年。东宁站水位流量过程线图见图3-70。

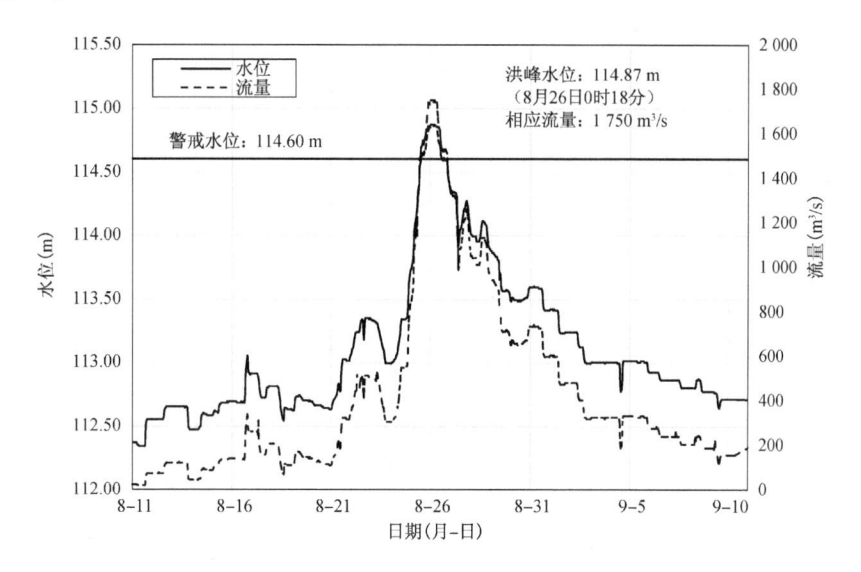

图3-70 东宁站水位流量过程线图

奔楼头水文站8月25日14时6分洪峰水位102.29 m,超警戒水位(101.20 m)1.09 m,相应流量1 370 m³/s,重现期超10年。奔楼头站水位流量过程线图见图3-71。

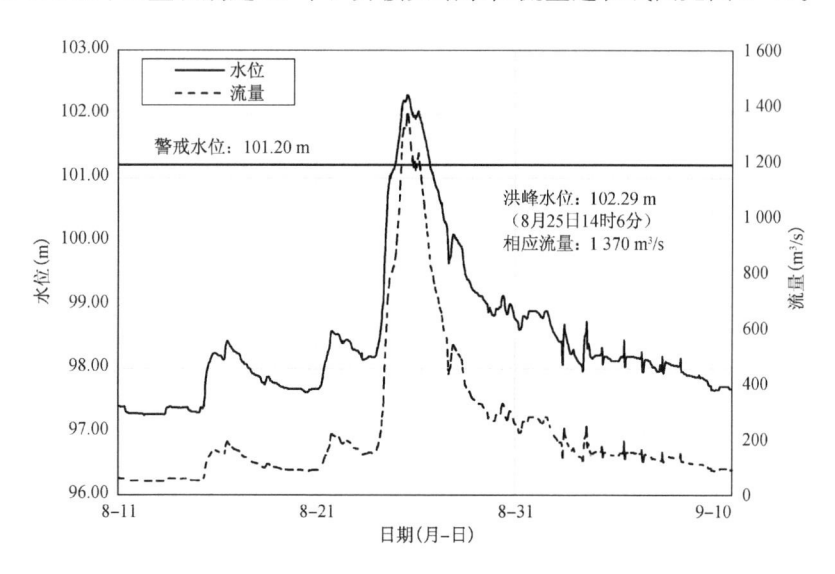

图3-71 奔楼头站水位流量过程线图

8. 图们江

受 19 号台风"苏力"、20 号台风"西马仑"外围水汽和高空冷涡共同影响,图们江支流嘎呀河发生超警戒水位洪水。

支流嘎呀河天桥岭水文站 8 月 25 日 9 时 50 分洪峰水位 282.93 m,超警戒水位(282.50 m) 0.43 m,相应流量为 273 m³/s,重现期 5 年,流量列 1981 年以来第 4 位(历史最大流量 695 m³/s, 2017 年 7 月 21 日)。天桥岭站水位流量过程线图见图 3-72。

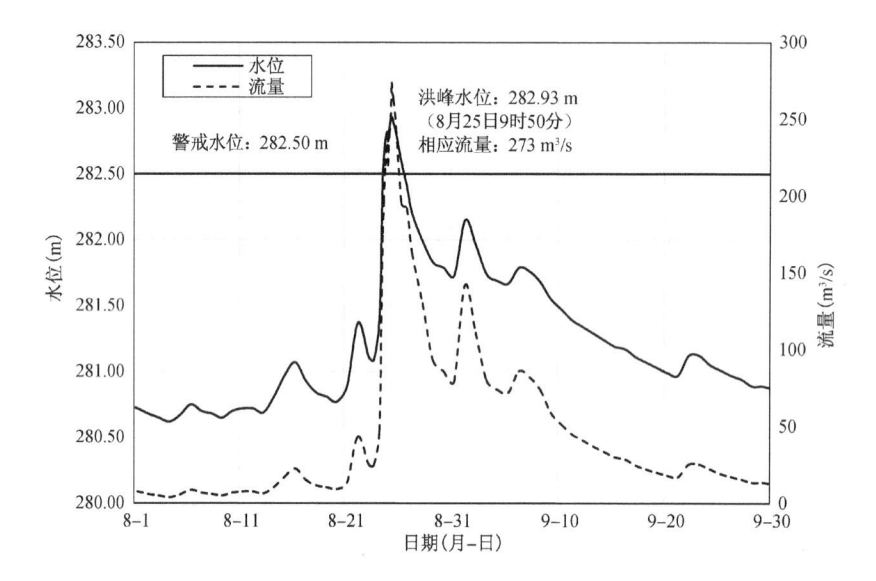

图 3-72 天桥岭站水位流量过程线图

东明水文站 8 月 24 日 22 时洪峰水位 203.47 m,超警戒水位(203.30 m)0.17 m,相应流量 1 410 m³/s,重现期近 20 年,流量列 2003 年以来第 2 位(历史最大流量 2 750 m³/s, 2017 年 7 月 21 日)。东明站水位流量过程线图见图 3-73。

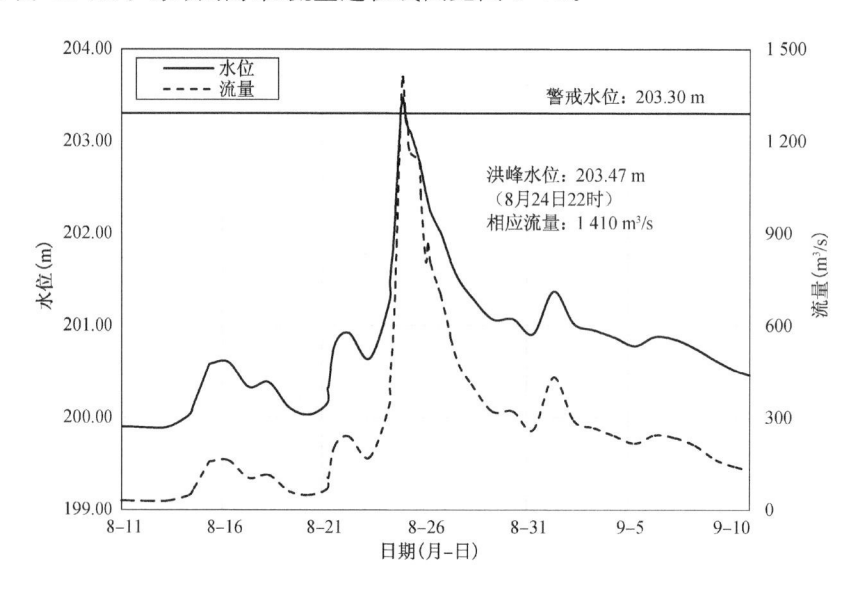

图 3-73 东明站水位流量过程线图

9. 鸭绿江

受 19 号台风"苏力"、20 号台风"西马仑"外围水汽和高空冷涡共同影响,鸭绿江支流浑江上游发生大洪水,3 站发生超警戒水位以上洪水。

支流浑江八道江水文站 8 月 24 日 12 时洪峰水位 475.09 m,超警戒水位(474.42 m)0.67 m,相应流量 1 460 m³/s,重现期近 20 年。八道江站水位流量过程线图见图 3-74。

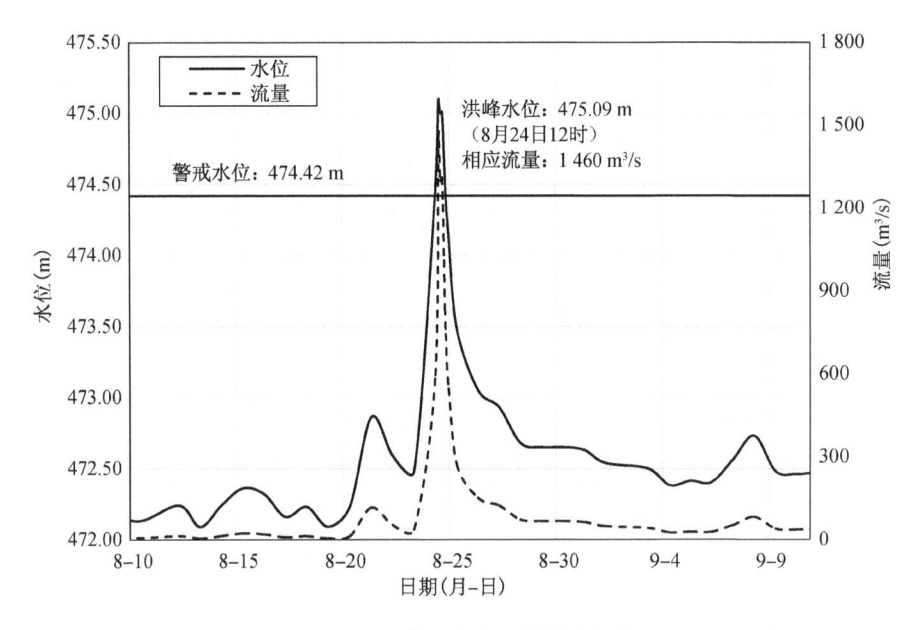

图 3-74 八道江站水位流量过程线图

支流浑江东村水文站 8 月 24 日 20 时洪峰水位 334.22 m,超警戒水位(334.04 m)0.18 m,相应流量 2 850 m³/s。东村站水位流量过程线图见图 3-75。

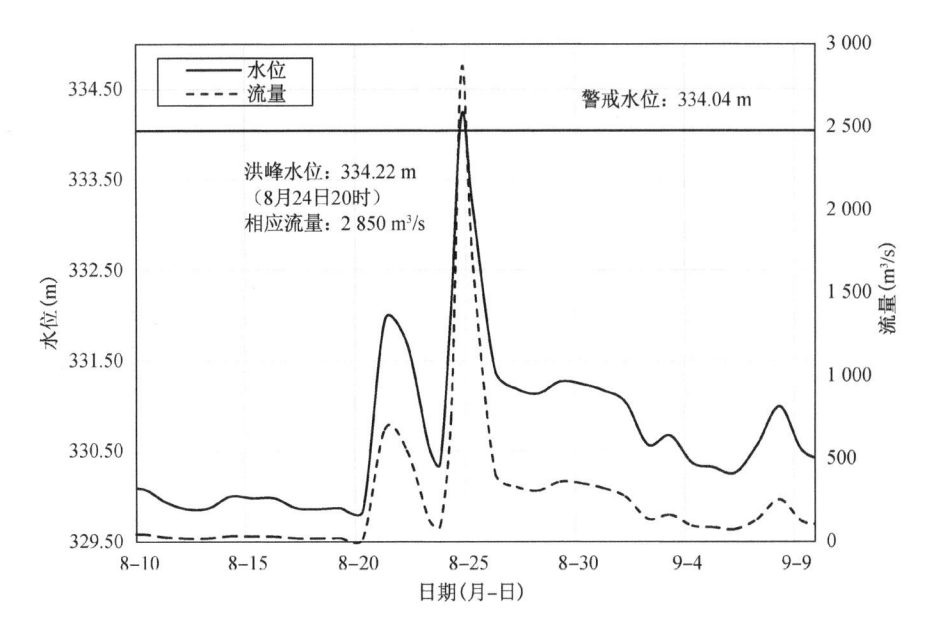

图 3-75 东村站水位流量过程线图

浑江支流大罗圈河铁厂水文站发生2次超警戒水位洪水：8月21日7时30分洪峰水位436.22 m，超警戒水位(435.61 m)0.61 m，相应流量435 m³/s；8月24日15时洪峰水位437.37 m，超警戒水位1.76 m，超保证水位(436.61 m)0.76 m，相应流量836 m³/s，重现期超10年，列1972年以来第1位(历史最大流量792 m³/s，1977年8月3日)。铁厂站水位流量过程线图见图3-76。

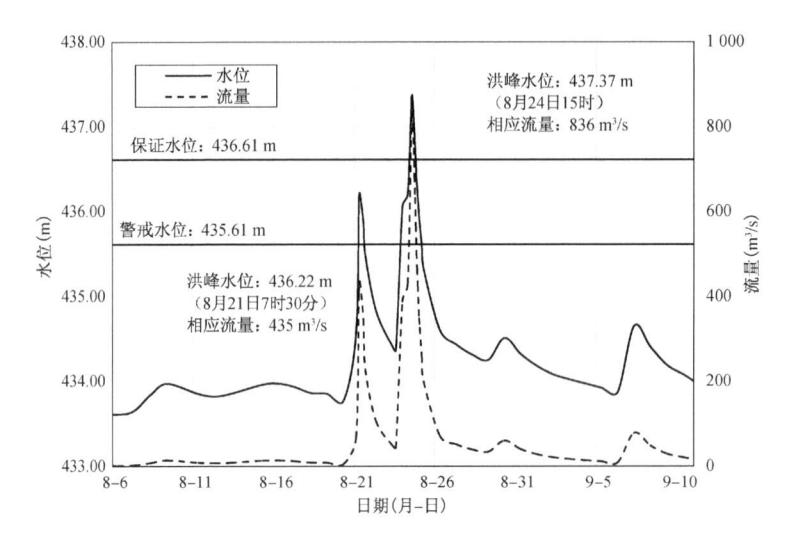

图 3-76　铁厂站水位流量过程线图

10. 辽东半岛

受14号台风"摩羯"、18号台风"温比亚"和高空槽共同影响，辽东半岛的大洋河和碧流河2条河流3站发生超警戒水位洪水。

大洋河岫岩水文站8月14日21时洪峰水位74.22 m，超警戒水位(74.10 m)0.12 m，相应流量819 m³/s；8月20日20时洪峰水位74.78 m，超警戒水位0.68 m，超保证水位(74.68 m)0.10 m，相应流量1 340 m³/s，重现期超5年。岫岩站水位流量过程线图见图3-77。

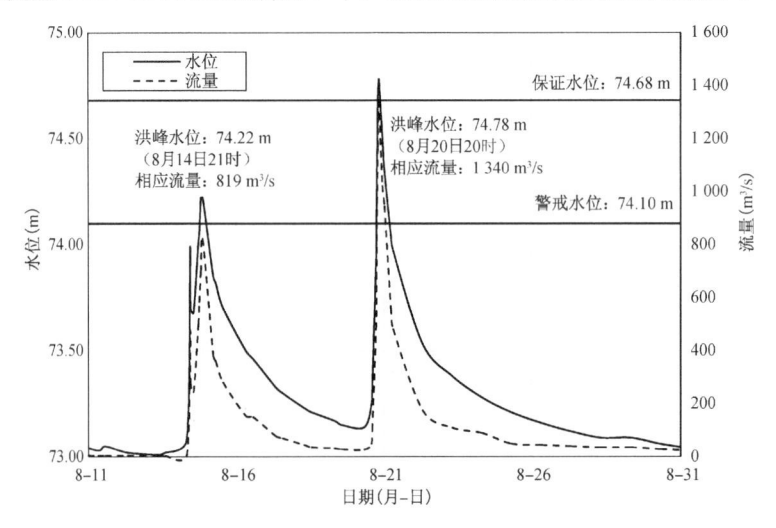

图 3-77　岫岩站水位流量过程线图

大洋河沙里寨水文站发生 2 次超警戒水位洪水:8 月 15 日 7 时洪峰水位 10.25 m,超警戒水位(8.25 m)2.00 m,相应流量 2 200 m³/s;8 月 21 日 6 时洪峰水位 11.70 m,超警戒水位 3.45 m,相应流量 4 340 m³/s。沙里寨站水位流量过程线图见图 3-78。

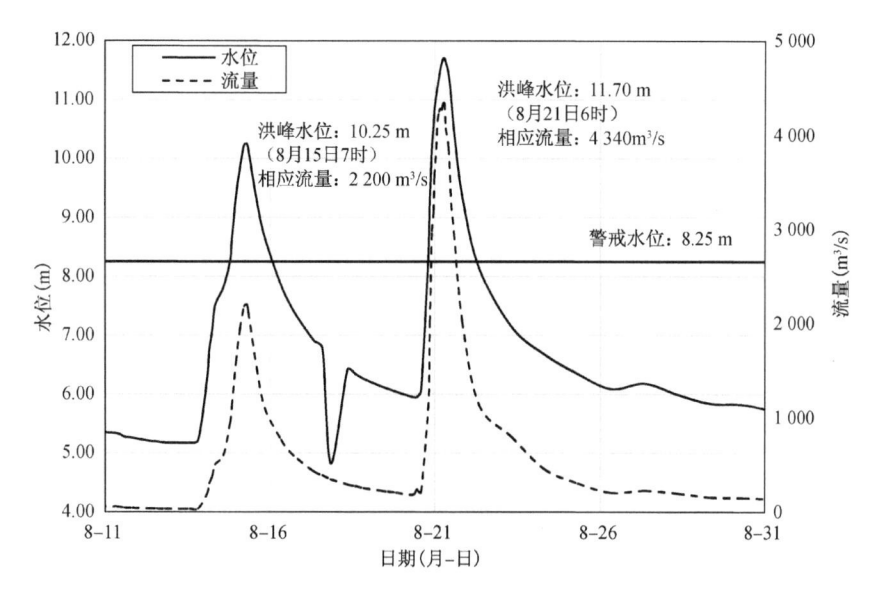

图 3-78 沙里寨站水位流量过程线图

碧流河茧场水文站发生 2 次超警戒水位洪水:8 月 14 日 19 时 50 分洪峰水位 84.48 m,超警戒水位(84.20 m)0.28 m,相应流量 750 m³/s;8 月 20 日 19 时洪峰水位 85.51 m,超警戒水位 1.31 m,相应流量 1 610 m³/s。茧场站水位流量过程线图见图 3-79。

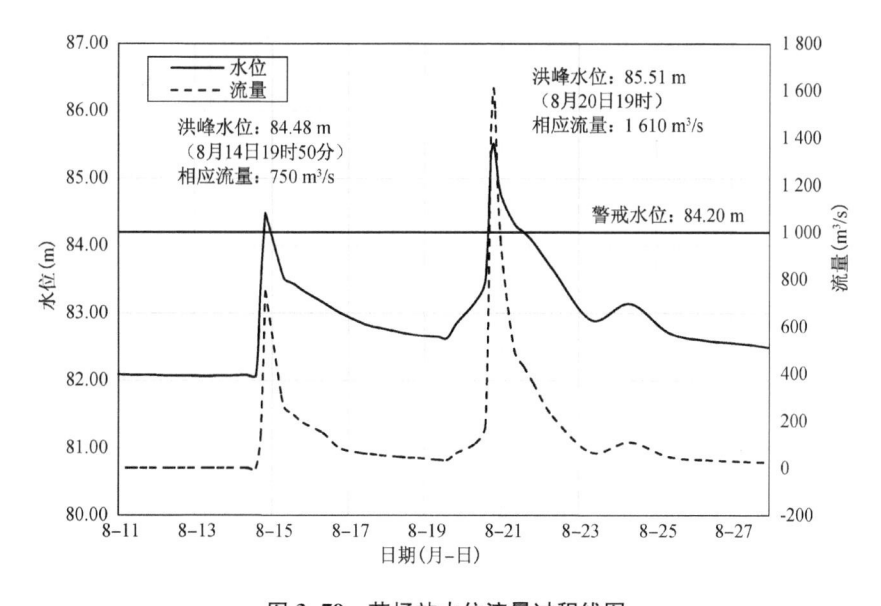

图 3-79 茧场站水位流量过程线图

2018 年松辽流域主要江河控制站年最高水位及最大流量统计表见表 3-2,2018 年汛期松辽流域超警测站洪水特征值统计表见表 3-3。

表3-2 2018年松辽流域主要江河控制站年最高水位及最大流量统计表

流域	河名	站名	2018年最高水位 数值(m)	2018年最高水位 出现日期(月-日)	2018年最大流量 数值(m³/s)	2018年最大流量 出现日期(月-日)	警戒水位(m)	保证水位(m)	历史最高水位 数值(m)	历史最高水位 出现日期(年-月)	历史最大流量 数值(m³/s)	历史最大流量 出现日期(年-月)
额尔古纳河	额尔古纳河	奇乾	467.34	07-25	612	07-25			472.22	2013-08	2 940	2013-08
	根河	拉布达林	96.80	09-25	435	07-22	98.00	99.34	99.83	2013-07	3 680	2013-07
黑龙江干流		洛古河	308.71	07-15	8 490	07-15	308.78	309.85	311.69	1994-05	9 660	1988-07
		漠河	97.11	07-15			96.50		102.55	1958-07		
		开库康	98.34	07-17			96.50		98.86	1984-08		
		呼玛	100.89	07-21			99.50		103.31	1958-07		
		三道卡	99.22	07-22			98.00		102.80	1958-07		
		上马厂	128.06	07-23	12 500	07-23	128.38	129.66	129.17	2013-08	12 600	1998-06
		黑河	96.15	07-23			96.00		99.13	1958-07		
		卡伦山	123.87	07-23	17 100	07-23	124.31	125.14	126.05	2013-08	23 500	2013-08
		奇克	98.37	07-26			98.50	99.50	100.61	1958-07		
		乌云	97.47	07-27			97.50	99.00	100.40	1984-08		
		嘉荫	97.02	07-29			97.00	99.50	100.88	2013-08		
		太平沟	67.90	07-29	19 200	07-28	97.80	98.75	70.94	2013-08	15 200	2017-09
		萝北	97.60	07-29					99.85	2013-08		
		勤得利	46.45	08-03			46.35		48.65	2013-08		
		抚远	40.99	08-05	23 900	08-05	41.00	41.50	43.38	2013-09	18 800	2016-07
嫩江		石灰窑	248.80	06-18	670	06-18	252.00		253.08	1988-08	3 500	1955-07
		库漠屯	232.69	06-18	1 610	06-18	233.50	234.00	235.29	2013-08	4 400	2013-08

续表

流域	河名	站名	2018年最高水位 数值(m)	2018年最高水位 出现日期(月-日)	2018年最大流量 数值(m³/s)	2018年最大流量 出现日期(月-日)	警戒水位(m)	保证水位(m)	历史最高水位 数值(m)	历史最高水位 出现日期(年-月)	历史最大流量 数值(m³/s)	历史最大流量 出现日期(年-月)
嫩江	嫩江	嫩江	220.07	06-19			221.30	222.10	222.06	1955-07		
		同盟	168.83	08-07	2 420	08-07	169.60	170.20	170.69	1998-08	12 300	1998-08
		齐齐哈尔	145.87	08-09			147.00	148.20	149.30	1998-08		
		富拉尔基	143.29	08-10	2 490	08-09	144.60	145.60	146.06	1998-08	15 500	1998-08
		江桥	138.81	09-15	2 560	09-13	139.70	140.40	142.37	1998-08	26 400	1998-08
		大赉	130.27	09-21	2 330	09-21	131.90	132.63	133.23	1998-08	16 100	1998-08
	多布库尔河	古里	7.91	07-03	305	07-03	8.00	8.96	8.96	1988-08	710	1988-08
	科洛河	科后	99.50	06-17	624	06-17	98.00		100.95	1953-08	1 210	1969-08
	甘河	柳家屯	223.14	08-10	657	08-10	226.07	226.31	227.14	1988-08	3 040	1988-08
	讷谟尔河	讷河	94.51	07-26			96.00	96.50	95.92	1984-08		
	诺敏河	古城子	203.78	08-11	760	08-11	205.50	206.30	206.87	1998-08	7 740	1998-08
	阿伦河	那吉	96.20	07-08	543	07-08	96.04	98.61	98.88	1953-08	1 840	1998-08
	乌裕尔河	依安大桥	183.00	08-06	308	09-06	184.50	185.10	185.06	1998-08	1 230	1998-08
	雅鲁河	碾子山	215.21	09-05	372	09-05	216.00	216.50	217.64	1998-08	6 840	1998-08
	绰尔河	两家子	98.98	07-17	188	07-17	101.00	101.70	102.34	1998-07	6 400	1998-07
	霍林河	白云胡硕	250.73	07-25	116	07-25	251.90	252.10	254.34	1998-08	4 230	1998-08
第二松花江	第二松花江	吉林	187.47	09-26	1 240	09-26	189.39	190.52	190.85	1957-08	6 480	1957-08
		石屯	168.67	09-22			172.25	173.75	174.26	2010-07		
		半拉山子	158.30	09-26			161.95	163.05	163.03	2010-08		

续表

流域	河名	站名	2018年最高水位 数值(m)	2018年最高水位 出现日期(月-日)	2018年最大流量 数值(m³/s)	2018年最大流量 出现日期(月-日)	警戒水位(m)	保证水位(m)	历史最高水位 数值(m)	历史最高水位 出现日期(年-月)	历史最大流量 数值(m³/s)	历史最大流量 出现日期(年-月)
第二松花江	第二松花江	松花江	151.71	10-01	1 200	09-25	154.46	155.59	154.82	2010-08	4 150	2010-08
		扶余	131.60	09-14	1 200	09-14	133.56	134.81	134.80	1956-08	6 750	1956-08
	二道松花江	汉阳屯	449.30	08-25	1 520	08-25	449.50	451.00	315.27	2010-07	9 700	2010-07
	富尔河	大浦柴河	527.68	08-25	494	08-25	528.50	529.00	532.38	2010-07	2 600	2010-07
	头道松花江	高丽城子	422.42	08-24	1 030	08-24	422.07	423.06	426.06	1960-08	6 690	1960-08
	辉发河	五道沟	267.77	08-15	718	08-15	270.00	274.00	276.01	1995-07	9 350	1995-07
	金沙河	民立	271.07	08-15	582	08-15	271.97	272.82	275.13	2010-07	2 980	2010-07
	漂河	横道子	279.33	08-24	214	08-24	279.41	280.61	281.55	2017-07	810	2017-07
	蛟河	蛟河	267.80	08-25	630	08-25	268.60	269.80	269.89	1989-07	2 760	1989-07
	温德河	口前	245.55	05-11	101	09-07	223.00	224.20	228.05	2017-07	3 240	2017-07
	饮马河	德惠	153.27	09-11	160	09-04			157.32	2010-08	676	2010-08
		靠山屯	150.42	09-05			150.91	153.08	152.90	2010-08		
	伊通河	农安	163.31	08-30	133	08-30	167.53	168.73	166.70	2010-07	307	2010-07
松花江干流		肇源	126.69	09-21	3 230	09-21	127.60	128.40	129.52	1998-08	16 000	1998-08
		下岱吉	124.41	09-21	3 190	09-23	126.32	127.82	127.81	1998-08	16 600	1998-08
	松花江干流	哈尔滨	116.83	09-26	3 550	09-16	118.10	120.30	120.89	1998-08	15 900	1998-08
		通河	103.94	08-07	5 890	08-07	104.40	105.50	106.14	1998-08	16 000	1998-08
		依兰	95.39	09-03	8 130	09-03	96.80	99.00	99.09	1960-08	16 000	1998-08
		佳木斯	77.98	07-28	8 560	07-28	79.00	80.00	80.63	1960-08	18 400	1960-08

续表

流域	河名	站名	2018年最高水位 数值(m)	2018年最高水位 出现日期(月-日)	2018年最大流量 数值(m³/s)	2018年最大流量 出现日期(月-日)	警戒水位(m)	保证水位(m)	历史最高水位 数值(m)	历史最高水位 出现日期(年-月)	历史最大流量 数值(m³/s)	历史最大流量 出现日期(年-月)
松花江干流	松花江干流	富锦	59.95	09-06			60.10	61.10	61.11	1998-08		
	蚂蚁河	莲花	99.54	08-28	1930	09-02	99.00	99.80	100.18	1994-07	4060	1994-07
	牡丹江	长江屯	97.43	09-01			98.00	100.00	101.60	1964-08	10200	1964-08
	汤旺河	晨明	95.91	07-26	4650	07-26	93.50		95.91	2018-07	5280	1961-08
	拉林河	蔡家沟	139.48	09-08	972	09-09	139.90	142.00	140.98	2013-07	4030	1956-08
乌苏里江	乌苏里江	海青	39.70	09-18	5580	09-12	40.12		41.58	2013-09		
绥芬河	绥芬河	东宁	114.87	08-26	1740	08-26	114.60	116.10	114.98	1986-08	5100	1965-08
图们江	图们江	圈河	9.11	08-26	2790	08-26	10.79	11.79	11.79	1986-08	11300	1965-08
西辽河	西辽河	郑家屯	112.59	04-25			116.56	117.47	116.75	1991-06	1760	1962-08
	英金河	赤峰	559.09	07-24	13.4	07-18	560.48	561.14	588.57	2012-06	2650	1972-08
东辽河	东辽河	辽源	251.22	08-13	185	08-13	253.21	255.60	253.11	2016-07	1420	1994-08
		泉太	251.22	08-13	155	03-13	232.20	233.70	240.47	1961-08	1100	1994-08
		王奔	109.05	08-16	199	08-16	109.79	110.79	113.63	1986-08	1800	1986-08
	孤山河	周户屯	225.61	08-14	222	08-14	225.30	226.50	226.17	2006-08	700	1995-07
	小辽河	十屋	144.11	08-21	33.8	08-15	137.26	139.26	151.77	1972-06	692	1994-07
辽河干流	辽河干流	福德店	87.02	08-18	158	08-18	87.07	90.17	89.33	1986-08	1750	1986-08
		通江口	71.69	08-20	184	08-20	72.75	73.96	73.16	1986-08	2170	1986-08
		铁岭	55.40	09-20	230	05-11	60.25	62.35	61.20	1995-07	14200	1951-08
	柴河	柴河	111.57	07-14	78.8	07-14	112.82	114.06	115.19	1995-07	3310	1995-07

续表

流域	河名	站名	2018年最高水位		2018年最大流量		警戒水位(m)	保证水位(m)	历史最高水位		历史最大流量	
			数值(m)	出现日期(月-日)	数值(m³/s)	出现日期(月-日)			数值(m)	出现日期(年-月)	数值(m³/s)	出现日期(年-月)
辽河干流	清河	开原	87.63	05-10	200	05-10	89.26	90.65	90.80	1953-08	9 500	1953-08
	浑河	沈阳	37.25	08-08	511	08-07	38.00	41.49	40.95	1995-07	5 550	1935-07
浑太河	太子河	本溪	105.55	08-07	278	08-07	107.17	111.15	113.09	1935-07	14 300	1960-08
		辽阳	22.65	06-17	427	06-16	25.91	27.54	27.80	1960-08	18 100	1960-08
鸭绿江	鸭绿江	荒沟	11.02	08-14	2 660	08-14			18.34	1995-08	28 500	1995-08
大小凌河	大凌河	朝阳	165.02	06-07	17.5	05-07	168.15	170.41	172.61	1962-07	15 600	1962-07
		义县	61.44	06-20	275	06-21	62.28	64.85	65.24	1994-07	12 600	1994-07
	小凌河	锦州	18.40	09-04	61.9	04-15	20.04	22.76	25.32	1963-07	9 810	1963-07

表 3-3 2018年汛期松辽流域超警测站洪水特征值统计表

水系	河名	站名	峰现时间(月-日 时:分)	洪峰水位(m)	洪峰流量(m³/s)	重现期(年)	超警戒水位(m)	超保证水位(m)	警戒水位(m)	保证水位(m)	流量排位	历史最大流量(m³/s)	历史最大流量出现时间(年-月-日)
额尔古纳河	牛耳河	牛耳河	07-23 3:50	9.76	176		0.11		9.65	11.47		1050	1972-07-05
黑龙江干流		漠河	07-15 8:00	97.11		超5	0.61		96.50				
		开库康	07-17 17:00	98.34		10	1.84		96.50				
		鸥浦	07-19 6:00	99.62		10	1.32		98.30				
		呼玛	07-21 8:00	100.89		10	1.39		99.50				
		三道卡	07-22 13:00	99.23		超5	1.23		98.00				
黑龙江干流		黑河	07-23 14:00	96.15			0.15		96.00				
		胜利屯	07-25 8:00	116.83			0.83		116.00				
		嘉荫	07-29 16:18	97.02			0.02		97.00	99.50			
		中兴镇	07-31 8:00	97.72			0.02		97.70	98.50			
		同江(黑龙江)	08-01 23:00	54.46			0.46		54.00	54.80			
		勤得利	08-04 6:00	46.48			0.13		46.35				
嫩江	辰清河	清溪	06-16 23:00	95.78	353		0.28		95.50			894	1969-08-23
	鸭蛋河	鸭蛋河(河道)	07-25 23:42	98.39	364		1.39	0.69	97.00	97.70	2	408	1992-06-08
	科洛河	科后	06-17 12:00	99.50	624	超5	1.50		98.00		6	1210	1969-08-26
	阿伦河	那吉	07-08 23:00	96.20	543		0.16		96.04	98.61	7	1840	1998-08-10
	蛟流河	务本	07-25 13:00	191.42	158		0.16		191.26	191.76		1050	1990-07-15
第二松花江	头道松花江	高丽城子	08-24 14:00	422.42	972		0.35		422.07	423.06		6690	1960-08-23
	双阳河	新安	08-16 8:00	193.54	79.8		0.94		192.60	193.70		261	1991-07-22

续表

水系	河名	站名	峰现时间（月-日 时:分）	洪峰水位(m)	洪峰流量(m³/s)	重现期(年)	超警戒水位(m)	超保证水位(m)	警戒水位(m)	保证水位(m)	流量排位	历史最大流量(m³/s)	历史最大流量出现时间(年-月-日)
第二松花江	团山子河	二道	09-06 14:00	188.02	44.9		0.12		187.90				
	拉林河	冲河桥(二)	08-31 21:00	96.88	395	超5	0.38		96.50	97.00	6	662	1991-07-24
		老街基(二)	08-31 21:54	105.07	177	超5	0.77		104.30			225	2017-07-20
		四平山	08-31 23:30	95.01	240		0.21		94.80			835	1991-07-24
		大碾子沟(二)	09-04 6:00	167.76	823		0.26		167.50	168.00		1 450	2013-07-06
松花江干流	呼兰河	欧根河（发展-主槽）	07-26 11:00	176.91	1 400	超100	0.96	0.66	175.95	176.25	1	1 180	2003-08-24
		庆安	07-27 13:18	174.20		超50	1.45	0.95	172.75	173.25			
		秦家(二)	07-28 8:55	150.44	2 740	20	1.19	0.44	149.25	150.00	2	2 810	1985-08-18
		兰西	07-31 22:30	129.20	3 100	10	0.80		128.40	129.30	4	5 120	1962-08-02
		呼兰	08-03 7:00	114.27			1.27		113.00	114.50			
		绥棱	07-26 5:00	176.40	170	超5	0.40		176.00	176.50		644	2013-08-14
		泥河(三)	07-28 12:00	151.60	72.9	超5	0.60		151.00	152.00		466	1965-08-16
		西北河林场	07-26 6:10	87.76			0.26		87.50				
		四海店	07-27 5:48	97.71			0.91		96.80				
		四方台	07-30 4:00	153.38	625	近10	1.38	0.38	152.00	153.00	3	720	1985-08-19
		海北	07-27 3:00	196.18	306	超10	1.58	0.38	194.60	195.80	3	385	2014-07-22
		联合(二)	08-06 6:18	170.70	365	超5	0.50		170.20	171.10		1 290	1962-07-29

续表

水系	河名	站名	峰现时间(月-日 时:分)	洪峰水位(m)	洪峰流量(m³/s)	重现期(年)	超警戒水位(m)	超保证水位(m)	警戒水位(m)	保证水位(m)	流量排位	历史最大流量(m³/s)	历史最大流量出现时间(年-月-日)
松花江干流	呼兰河	青冈	07-28 5:42	97.63	290		0.23		97.40	97.90		798	2003-08-25
		青冈(东桥)	08-10 11:00	97.74	430		0.34		97.40	97.90			
		北关(二)	07-26 0:54	100.82	1 350	近50	2.32		98.50		2	1 550	1968-07-26
		陈家店(三)	07-26 3:00	100.00	223	超50	1.50		98.50		1	193	1985-08-16
	蚂蚁河	一面坡	08-31 21:00	97.74	1 170	5	0.44		97.30	97.80		998	1960-08-24
		延寿	08-27 20:00	98.41	1 170	超5	0.41		98.00	99.00		2 780	1960-08-08
		莲花(二)	08-28 13:00	99.54	1 740		0.54		99.00	99.80	5	4 060	1994-07-15
		杨树(二)	08-31 19:36	100.02	357	5	0.52		99.50			788	1960-08-07
	西北河	西北河	07-19 14:00	123.35	160		0.35		123.00			447	2013-07-05
	牡丹江	东昌	08-27 6:00	522.26	192	超10	0.94		521.32	522.32	3	194	1989-07-26
		秋梨沟	08-25 5:00	481.35	156	超5	0.55		480.80	482.30	5	346	1989-07-23
		大山咀子	08-26 9:00	356.39	1 920	20	0.89		355.50	357.20	5	3 160	1960-08-25
		横道河子	08-14 17:48	98.58	75.2	超10	0.23		98.35		3	127	1991-07-30
	巴兰河	烟筒山	08-04 16:00	98.21	507	5	0.71	0.71	97.50	98.50	3	2 000	1996-07-30
	倭肯河	孟家岗(南)	08-04 12:06	183.72	27.8	近10	0.22		183.50	183.90		186	1994-07-14
		孟家岗(北)	08-04 14:06	182.83	19.8	超50	0.13		182.70			131	1994-08-17
	汤旺河	伊新	07-26 12:00	101.76	2 000	近10	0.76		101.00	102.50	3	4 000	1961-08-08
		西林	07-26 6:24	99.71		超50	1.71		98.00	99.00			
		晨明(二)	07-26 19:30	95.91	4 650	近20	2.41		93.50		2	5 280	1961-08-09

续表

水系	河名	站名	峰现时间（月-日 时:分）	洪峰水位(m)	洪峰流量(m³/s)	重现期（年）	超警戒水位(m)	超保证水位(m)	警戒水位(m)	保证水位(m)	流量排位	历史最大流量(m³/s)	历史最大流量出现时间(年-月-日)
松花江干流	汤旺河	南岔(二)	07-26 12:24	95.08	970	超10	1.08	0.08	94.00	95.00	3	1 750	1996-07-30
		伊春(三)	07-26 7:36	100.59	1 450	50	1.59	0.33	99.00	100.26	1	1 230	1988-07-14
		带岭(二)	07-26 8:06	100.00	552	超20	1.50	0.50	98.50	99.50	3	802	1968-07-26
	乌裕尔江	虎头	09-12 21:00	54.29	4 120		1.29	0.24	53.00	54.05	5		
		饶河	09-16 9:39	98.08	123		0.23		97.85	98.20	7		
	别拉洪河	别拉洪	09-08 2:00	96.17	3 120		0.27		95.90	96.30			
	大乌苏东卡河	瓦古通	09-11 8:00	7.01	415	5	0.21		6.80				
乌苏里江	穆棱河	穆棱(二)	08-25 10:54	327.81	600		0.31		327.50	328.50	3	2 750	1965-08-07
		梨树镇	08-27 13:00	91.85	679		0.85		91.00	94.40		4 380	1965-08-08
		密山桥(河道)	09-01 20:00	116.31	636		0.61	0.31	115.70	116.00	3	774	1994-10-09
		湖北闸(穆)	09-07 15:20	87.71	1 370		0.11		87.60	88.50		4 790	1991-08-02
绥芬河	大绥芬河	奔楼头	08-25 14:06	102.29	1 750	超10	1.09		101.20				
	绥芬河	东宁(三)	08-26 0:18	114.87	273	超5	0.27		114.60	116.10	5	5 100	1965-08-08
图们江	嘎呀河	天桥岭	08-25 8:00	282.93	1 410	5	0.43		282.50	283.06	4	433	1989-09-03
		东明	08-24 22:00	203.47		近20	0.17		203.30	203.80	2	1 160	2010-09-01

续表

水系	河名	站名	峰现时间（月-日 时:分）	洪峰水位(m)	洪峰流量(m³/s)	重现期（年）	超警戒水位(m)	超保证水位(m)	警戒水位(m)	保证水位(m)	流量排位	历史最大流量(m³/s)	历史最大流量出现时间（年-月-日）
东辽河	孤山河	周户屯	08-14 14:00	225.61	204		0.31		225.30	226.50		700	1995-07-29
	小辽河	十屋	08-21 7:00	144.11	33.4		6.85	4.85	137.26	139.26		692	1994-07-14
	兴隆河	公主岭	08-14 12:00	189.92			0.92		189.00	192.30		42.4	2017-08-12
	大罗圈河	铁厂	08-24 15:00	437.37	836	超10	1.76	0.76	435.61	436.61	1	792	1977-08-03
鸭绿江	浑江	八道江	08-24 12:00	475.09	1460	近20	0.67		474.42	475.92		1520	2010-07-31
		东村	08-24 20:00	334.22	2850		0.18		334.04	335.54		8850	1995-07-30
辽东半岛	碧流河	黄场	08-20 19:00	85.51	1610	超5	1.31		84.20	85.80			
	大洋河	岫岩	06-11 8:00	75.81	1340		1.71	1.13	74.10	74.68		4410	2012-08-04
		沙里寨	08-21 6:00	11.70	4340		3.45		8.25	14.52			

三、江河径流量

松辽流域主要江河径流量按照全年、汛前、汛期及汛后4个时期分别进行统计分析。其中,西辽河全年断流,辽河干流、浑太河、大小凌河、鸭绿江、图们江均偏少。

(一) 全年江河径流量

2018年,松辽流域主要江河径流量以偏少为主。其中,西辽河、辽河干流、浑太河、大小凌河径流量偏少6成以上。

与常年同期相比,西辽河偏少10成,辽河干流、浑太河、大小凌河偏少6~7成,鸭绿江偏少4成,松花江干流、东辽河、图们江偏少1~2成,黑龙江干流、嫩江、第二松花江基本持平,绥芬河偏多7成。2018年松辽流域主要江河控制站全年径流量距平图见图3-80。

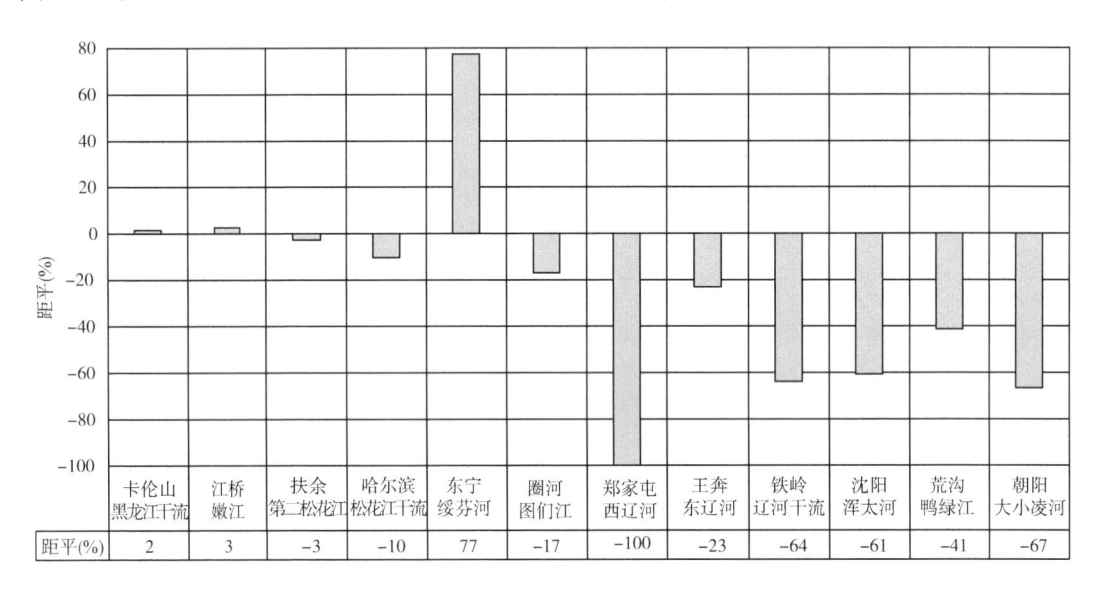

站名	卡伦山 黑龙江干流	江桥 嫩江	扶余 第二松花江	哈尔滨 松花江干流	东宁 绥芬河	圈河 图们江	郑家屯 西辽河	王奔 东辽河	铁岭 辽河干流	沈阳 浑太河	荒沟 鸭绿江	朝阳 大小凌河
距平(%)	2	3	-3	-10	77	-17	-100	-23	-64	-61	-41	-67

图3-80 2018年松辽流域主要江河控制站全年径流量距平图

(二) 汛前江河径流量

2018年汛前,松辽流域主要江河径流量除东辽河偏多外,其他江河均偏少。

与常年同期相比,西辽河偏少10成,第二松花江、鸭绿江偏少5~6成,黑龙江干流、松花江干流、绥芬河、图们江、大小凌河偏少3~4成,嫩江、辽河干流、浑太河偏少1~2成,东辽河偏多1成。2018年松辽流域主要江河控制站汛前(1—5月)径流量距平图见图3-81。

(三) 汛期江河径流量

2018年汛期,松辽流域主要江河径流量以偏少为主,其中西辽河、辽河干流、浑太河、大小凌河偏少8成以上。

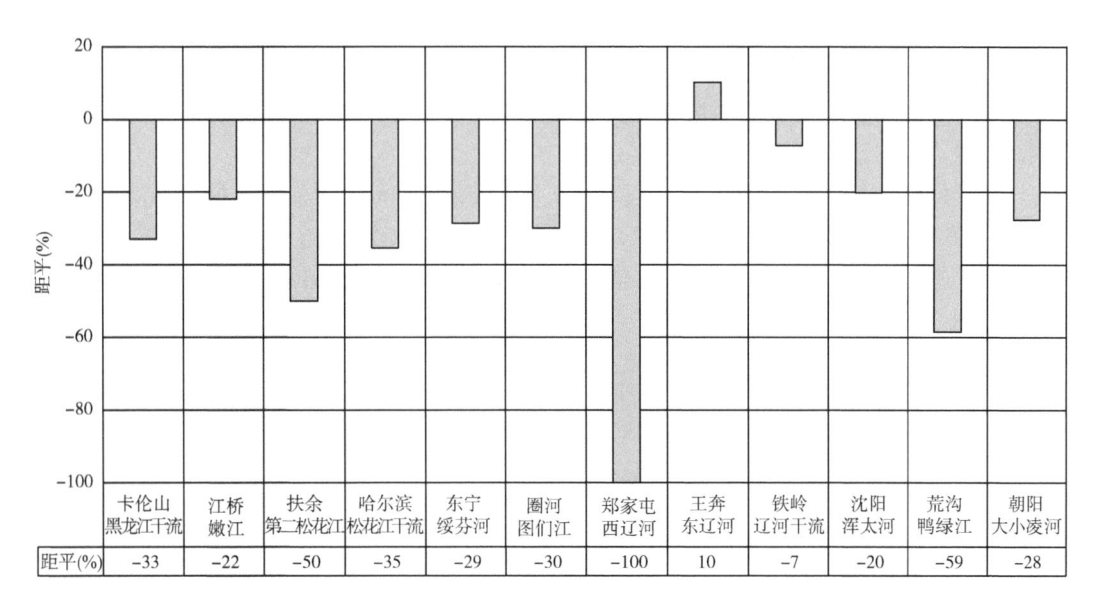

站点	卡伦山黑龙江干流	江桥嫩江	扶余第二松花江	哈尔滨松花江干流	东宁绥芬河	圈河图们江	郑家屯西辽河	王奔东辽河	铁岭辽河干流	沈阳浑太河	荒沟鸭绿江	朝阳大小凌河
距平(%)	-33	-22	-50	-35	-29	-30	-100	10	-7	-20	-59	-28

图 3-81　2018 年松辽流域主要江河控制站汛前(1—5 月)径流量距平图

与常年同期相比，西辽河偏少 10 成，辽河干流、浑太河、大小凌河偏少 8 成，东辽河、鸭绿江偏少 3～5 成，松花江干流、图们江偏少 1 成，嫩江、第二松花江基本持平，黑龙江干流偏多 1 成，绥芬河偏多 1 倍多。2018 年松辽流域主要江河控制站汛期(6—9 月)径流量距平图见图 3-82。

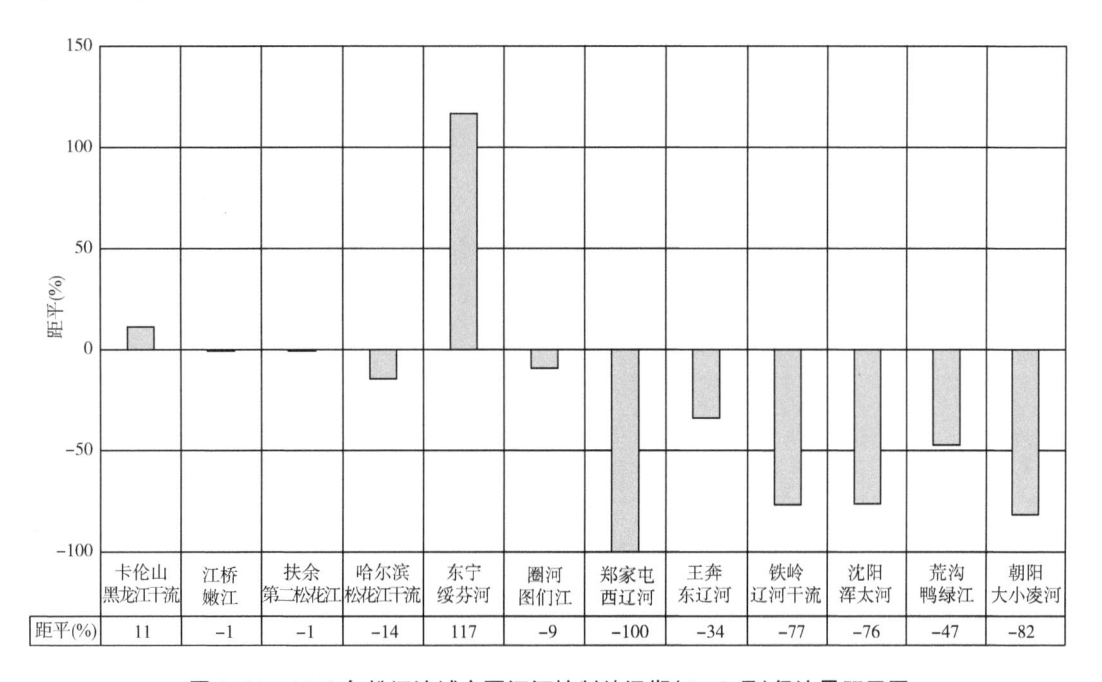

站点	卡伦山黑龙江干流	江桥嫩江	扶余第二松花江	哈尔滨松花江干流	东宁绥芬河	圈河图们江	郑家屯西辽河	王奔东辽河	铁岭辽河干流	沈阳浑太河	荒沟鸭绿江	朝阳大小凌河
距平(%)	11	-1	-1	-14	117	-9	-100	-34	-77	-76	-47	-82

图 3-82　2018 年松辽流域主要江河控制站汛期(6—9 月)径流量距平图

(四) 汛后江河径流量

2018年汛后，松辽流域主要江河径流量北部偏多，南部偏少，其中第二松花江、绥芬河偏多9成以上，西辽河、辽河干流、大小凌河偏少5成以上。

与常年同期相比，西辽河偏少10成，辽河干流、大小凌河偏少5~6成，图们江、浑太河偏少4成，东辽河、鸭绿江基本持平，黑龙江干流、嫩江、松花江干流偏多2~4成，绥芬河偏多9成，第二松花江偏多1倍多。2018年松辽流域主要江河控制站汛后(10—12月)径流量距平图见图3-83。

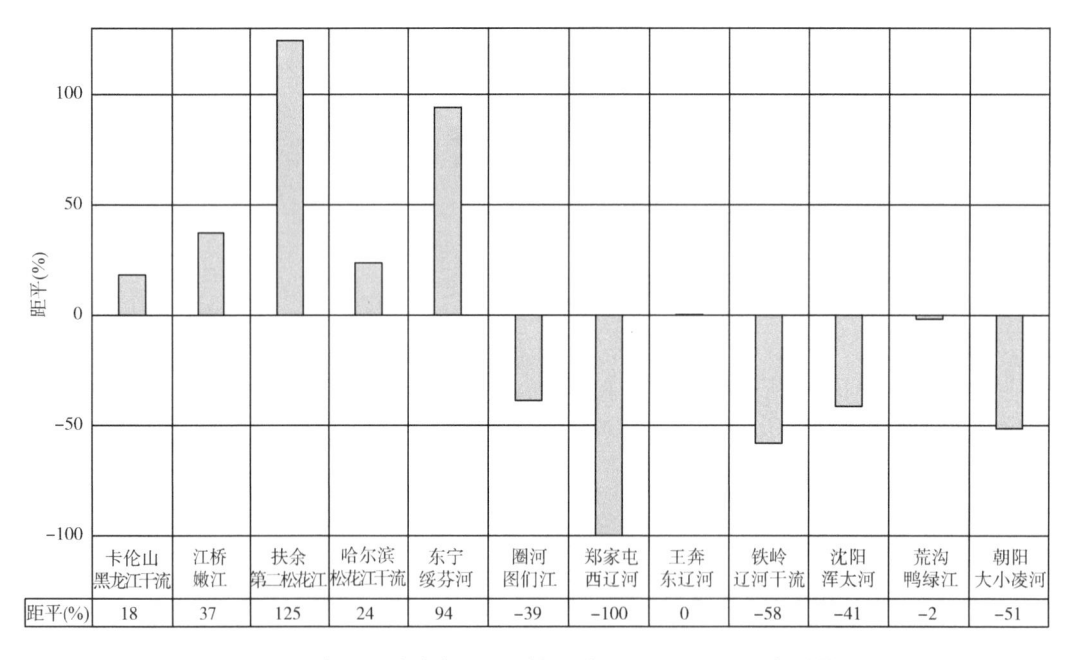

距平(%)	18	37	125	24	94	−39	−100	0	−58	−41	−2	−51
	卡伦山 黑龙江干流	江桥 嫩江	扶余 第二松花江	哈尔滨 松花江干流	东宁 绥芬河	圈河 图们江	郑家屯 西辽河	王奔 东辽河	铁岭 辽河干流	沈阳 浑太河	荒沟 鸭绿江	朝阳 大小凌河

图3-83　2018年松辽流域主要江河控制站汛后(10—12月)径流量距平图

2018年松辽流域各大江河主要控制站各月平均流量统计表见表3-4，2018年松辽流域各大江河主要控制站分期平均流量统计表见表3-5。

第三章 水 情

表3-4 2018年松辽流域各大江河主要控制站各月平均流量统计表

2018年各月平均流量（m³/s）

流域	河名	站名	1月	2月	3月	4月	5月	6月	7月	8月	9月	10月	11月	12月
额尔古纳河	额尔古纳河	奇乾	23.0	20.0	23.0	56.6	62.9	58.9	323	285	202	211	65.4	22.9
		拉布达林		0.500	0.600	6.70	16.7	40.5	263	169	200	118	31.6	6.70
		洛古河	37.1	30.0	29.2	362	794	867	5 110	2 720	1 740	1 560	503	163
		上马厂	128	127	136	269	1 340	1 500	6 810	4 000	2 590	2 420	719	200
黑龙江干流	黑龙江干流	卡伦山	690	774	804	1 520	2 890	4 030	10 700	6 880	5 310	4 270	1 940	1 090
		太平沟	1 400	1 150	1 250	2 560	4 080	5 160	11 500	10 900	6 760	5 800	3 570	5 090
		抚远	1 780	1 720	1 780	4 470	5 340	5 410	12 500	19 000	14 400	10 400	5 870	3 280
		石灰窑	0.721	0.260	0.615	37.6	30.9	227	343	173	147	119	36.8	4.10
		库漠屯	0.966	0.269	2.75	68.8	49.4	427	800	441	324	230	61.6	11.2
	嫩江	同盟	41.9	39.9	90.5	266	316	421	1 380	1 520	1 270	699	366	125
		富拉尔基	86.1	82.0	98.3	212	343	421	1 490	1 800	1 530	830	471	153
		江桥	100	80.2	125	217	288	362	1 550	1 970	1 820	985	587	223
		大赉	155	126	139	179	150	243	863	1 870	1 900	1 090	610	241
	多布库尔河	古里	1.03	0.800	0.900	10.7	12.7	45.9	174	93.8	89.0	71.4	27.9	9.70
嫩江	科洛河	科后	0	0	1.32	7.70	4.22	116	182	113	164	47.8	15.3	0.557
	甘河	柳家屯	6.80	3.70	4.70	28.1	38.5	147	458	419	348	207	71.6	14.5
	诺敏河	古城子	6.12	3.98	5.70	41.3	35.3	161	415	560	473	190	116	42.5
	阿伦河	那吉	0.129	0.100	0.500	4.60	1.60	11.5	84.0	55.0	83.0	37.0	12.0	1.20
	乌裕尔河	依安大桥	0	0	2.33	5.03	14.3	36.3	42.7	58.3	80.4	14.2	7.71	0.581

97

续表

2018年各月平均流量(m³/s)

流域	河名	站名	1月	2月	3月	4月	5月	6月	7月	8月	9月	10月	11月	12月
嫩江	雅鲁河	碾子山	5.83	3.83	10.2	8.43	2.81	17.4	94.7	74.1	172	75.4	28.5	7.01
	绰尔河	两家子	0.300	0.200	0.500	8.00	37.3	24.3	78.0	56.0	73.0	68.0	54.0	1.20
	霍林河	白云胡硕	0	0	6.60	1.80	0.500	0.600	10.8	6.60	2.10	2.00	2.20	0.100
	第二松花江	吉林	172	172	168	219	375	424	732	469	891	520	501	390
		扶余	192	207	189	325	220	505	745	482	950	720	580	460
第二松花江	二道松花江	汉阳屯	16.1	18.7	67.4	148	125	102	114	319	166	124	38.3	19.0
	富尔河	大蒲柴河	0.588	0.550	14.3	19.8	4.54	6.81	12.5	68.0	23.2	9.67	8.35	3.91
	头道松花江	高丽城子	34.0	36.9	58.7	82.0	107	110	128	163	64.7	62.4	48.5	41.7
	辉发河	五道沟	3.80	2.50	33.8	45.6	25.2	131	145	202	111	83.8	57.3	21.9
	蛟河	蛟河	0.600	0.200	15.1	45.2	10.9	21.5	54.6	55.6	75.4	26.2	23.3	7.70
	饮马河	德惠	2.90	2.50	3.40	4.20	8.10	10.5	10.1	14.7	63.7	20.7	18.2	5.10
	伊通河	农安	11.1	11.6	13.9	8.40	11.2	16.1	19.7	52.9	45.4	19.7	21.1	21.3
	松花江干流	下岱吉	320	315	366	475	366	532	1520	2430	2800	2080	1360	800
		哈尔滨	379	288	426	636	390	497	1630	2460	3390	2340	1260	786
		通河	300	277	366	807	596	442	2680	4470	4830	2740	1430	706
		依兰	414	423	596	1160	1020	664	3110	4980	5880	3110	1520	790
松花江干流		佳木斯	387	370	454	1390	1190	825	3920	5770	6460	3490	1720	1140
	蚂蚁河	莲花	6.33	4.09	39.0	119	8.32	56.7	312	440	550	50.5	35.9	15.2
	牡丹江	长江屯	33.4	43.4	152	415	455	151	718	846	1190	541	283	75.3
	汤旺河	晨明	9.85	6.65	12.6	117	202	249	799	480	252	127	63.3	21.2
	拉林河	蔡家沟	23.5	24.5	30.5	69.0	29.0	79.5	148	212	517	111	65.0	36.5

续表

2018年各月平均流量 (m³/s)

流域	河名	站名	1月	2月	3月	4月	5月	6月	7月	8月	9月	10月	11月	12月
绥芬河	绥芬河	东宁	2.38	2.01	5.05	18.6	57.3	55.6	81.6	357	148	51.8	37.6	23.4
图们江	图们江	圈河	17.3	15.0	33.6	88.7	189	140	151	743	537	196		
西辽河	西辽河	郑家屯	0	0	0	0	0	0	0	0	0	0	0	0
	英金河	赤峰	0	0	0	0	0	0.200	0.200	0.900	1.00	0	0	0
东辽河		辽源	1.39	1.69	3.77	2.81	2.06	6.17	5.67	9.00	6.70	4.64	3.33	2.22
	东辽河	泉太	1.73	1.69	4.43	3.23	3.01	8.21	7.60	11.4	8.69	6.34	4.66	3.26
		王奔	4.17	3.64	5.36	6.22	11.4	12.9	16.5	33.5	30.6	11.7	9.96	3.38
辽河干流		福德店	1.60	1.10	4.50	5.30	4.40	8.30	10.1	18.8	23.0	13.2	9.30	3.20
		通江口	3.90	3.10	5.80	11.9	8.40	11.5	18.8	42.6	39.2	11.1	7.81	5.90
		铁岭	7.50	6.20	10.5	15.0	124	28.4	35.8	54.0	76.8	22.8	16.0	13.8
	柴河	柴河	0.500	0.400	1.20	1.90	1.00	1.10	5.60	3.40	2.61	2.00	2.00	1.10
	清河	开原	1.60	1.60	1.50	2.10	103	12.1	11.3	7.50	5.60	2.20	2.00	1.20
浑太河	浑河	沈阳	10.8	10.1	12.5	26.5	45.3	38.5	19.2	25.0	14.8	14.6	13.8	4.60
	太子河	本溪	8.60	9.00	10.2	40.4	99.3	38.2	20.2	52.1	22.4	12.6	9.80	8.60
		辽阳	2.00	1.70	1.80	2.00	171	29.1	7.20	28.1	6.20	2.60	3.30	3.70
鸭绿江	鸭绿江	荒沟	253	217	208	213	311	516	460	678	419	478	612	692
大小凌河	大凌河	朝阳	8.70	6.70	9.00	2.80	4.80	7.20	6.40	10.6	4.50	6.70	4.10	9.20
		义县	2.80	5.50	9.70	5.60	43.4	56.6	7.50	8.50	5.60	0.400	0.400	0.400
	小凌河	锦州	0	0	0	2.20	0	2.20	0	1.30	0.400	0	0	0

表3-5　2018年松辽流域各大江河主要控制站分期平均流量统计表

流域	河名	站名	全年平均流量 2018年全年 (m³/s)	全年平均流量 多年平均 (m³/s)	距平 (%)	汛前平均流量 2018年1—5月 (m³/s)	汛前平均流量 多年平均 (m³/s)	距平 (%)	汛期平均流量 2018年6—9月 (m³/s)	汛期平均流量 多年平均 (m³/s)	距平 (%)	汛后平均流量 2018年10—12月 (m³/s)	汛后平均流量 多年平均 (m³/s)	距平 (%)
额尔古纳河	额尔古纳河	奇乾	114	—	—	37.3	—	—	219	—	—	100	—	—
		拉布达林	71.7	57.3	25	4.98	26.7	−81	169	121	40	52.3	23.4	124
黑龙江干流	黑龙江干流	洛古河	1 170	945	24	254	450	−44	2 630	1 890	39	745	510	46
		上马厂	1 700	1 550	10	406	730	−44	3 750	3 090	21	1 120	835	34
		卡伦山	3 430	3 380	2	1 350	2 010	−33	6 760	6 080	11	2 440	2 060	18
		太平沟	4 970	—	—	2 100	—	—	8 620	—	—	4 830	—	—
		抚远	7 200	—	—	3 030	—	—	12 900	—	—	6 520	—	—
嫩江	嫩江	石灰窑	93.9	95.5	−2	14.1	53.6	−74	223	193	16	53.5	35.7	50
		库漠屯	203	176	15	24.6	91.5	−73	500	359	39	101	72.2	40
		同盟	548	514	7	152	198	−23	1 150	1 080	7	397	282	41
		富拉尔基	630	533	18	166	193	−14	1 320	1 120	18	485	317	53
		江桥	697	678	3	163	209	−22	1 430	1 440	−1	598	436	37
		大赉	634	597	6	150	194	−23	1 220	1 200	2	647	463	40
嫩江	多布库尔河	古里	45.2	35.6	27	5.28	13.1	−60	101	78.9	28	36.4	15.2	140
	科洛河	科后	54.5	26.7	104	2.67	13.3	−80	144	55.0	161	21.3	11.2	91
	甘河	柳家屯	147	115	27	16.5	43.4	−62	345	246	40	98.0	59.8	64
	诺敏河	古城子	172	148	16	18.6	48.3	−61	404	323	25	116	80.1	45
	阿伦河	那吉	24.4	16.6	47	1.39	2.65	−48	58.6	40.9	43	16.8	7.29	130

续表

流域	河名	站名	全年全年 2018年 (m^3/s)	全年平均流量 多年平均 (m^3/s)	距平 (%)	汛前 2018年1—5月 (m^3/s)	汛前平均流量 多年平均 (m^3/s)	距平 (%)	汛期 2018年6—9月 (m^3/s)	汛期平均流量 多年平均 (m^3/s)	距平 (%)	汛后 2018年10—12月 (m^3/s)	汛后平均流量 多年平均 (m^3/s)	距平 (%)
嫩江	乌裕尔河	依安大桥	21.9	14.9	47	4.41	3.12	41	54.4	36.7	48	7.49	5.22	44
	雅鲁河	碾子山	41.8	56.9	−26	6.25	8.95	−30	89.5	139	−35	37.1	27.2	36
	绰尔河	两家子	33.6	40.6	−17	9.45	14.2	−34	58.0	88.4	−34	40.9	20.3	102
	霍林河	白云胡硕	2.81	8.08	−65	1.82	3.97	−54	5.09	15.9	−68	1.43	4.46	−68
第二松花江	第二松花江	吉林	420	436	−4	222	356	−38	629	619	1	470	325	45
		扶余	465	479	−3	226	453	−50	670	674	−1	587	261	125
	二道松花江	汉阳屯	105	96.7	9	75.7	72.5	4	176	169	4	60.7	39.9	52
	富尔河	大蒲柴河	14.5	15.3	−6	8.02	12.1	−34	27.8	27.5	1	7.30	4.43	65
	头道松花江	高丽城子	78.4	80.7	−3	64.1	83.8	−24	117	115	2	50.9	30.7	66
	辉发河	五道沟	72.3	79.5	−9	22.4	37.3	−40	148	170	−13	54.3	28.6	90
	蛟河	蛟河	28.1	22.0	28	14.5	13.1	10	51.8	43.7	19	19.0	7.63	149
	饮马河	德惠	13.7	21.2	−36	4.25	5.80	−27	24.5	51.3	−52	14.6	6.55	123
	伊通河	农安	21.1	11.7	80	11.3	5.99	88	33.6	22.0	52	20.7	7.53	175
松花江干流	松花江干流	下岱吉	1 120	1 050	6	369	630	−42	1 820	1 830	0	1 410	716	97
		哈尔滨	1 210	1 350	−10	425	657	−35	2 000	2 330	−14	1 460	1 180	24
		通河	1 650	1 490	10	471	721	−35	3 110	2 580	21	1 630	1 310	24
		依兰	1 980	1 690	17	726	871	−17	3 670	2 980	23	1 810	1 340	35

续表

流域	河名	站名	全年平均流量				汛前平均流量				汛期平均流量				汛后平均流量		
			2018年全年 (m³/s)	多年平均 (m³/s)	距平 (%)		2018年1—5月 (m³/s)	多年平均 (m³/s)	距平 (%)		2018年6—9月 (m³/s)	多年平均 (m³/s)	距平 (%)		2018年10—12月 (m³/s)	多年平均 (m³/s)	距平 (%)
松花江干流	松花江干流	佳木斯	2 270	2 070	10		762	1 020	−25		4 250	3 670	16		2 120	1 670	27
	蚂蚁河	莲花	137	63.3	116		35.4	33.8	5		340	124	174		33.8	31.2	8
	牡丹江	长江屯	410	248	65		222	139	59		727	468	55		300	137	120
	汤旺河	晨明	197	155	27		70.6	63.3	11		448	321	39		70.6	83.1	−15
	拉林河	蔡家沟	112	76.3	47		35.3	38.0	−7		238	159	50		70.9	29.1	144
绥芬河	绥芬河	东宁	70.6	39.8	77		17.4	24.3	−29		162	74.5	117		37.6	19.4	94
图们江	图们江	圈河	177	213	−17		69.7	99.5	−30		394	433	−9		66.0	108	−39
西辽河	西辽河	郑家屯	0	23.3	−100		0	8.77	−100		0	52.0	−100		0	9.05	−100
	英金河	赤峰	0.192	6.78	−97		0	2.21	−100		0.575	14.9	−96		0	3.57	−100
东辽河	东辽河	辽源	4.13	5.18	−20		2.35	1.66	42		6.89	12.1	−43		3.40	1.74	96
		泉太	5.38	7.98	−33		2.84	2.65	7		8.98	18.2	−51		4.75	3.20	49
		王奔	12.5	16.2	−23		6.21	5.63	10		23.4	35.4	−34		8.33	8.31	0
辽河干流	辽河干流	福德店	8.60	29.9	−71		3.41	9.93	−66		15.0	66.9	−78		8.56	13.7	−38
		通江口	14.2	51.8	−73		6.65	16.4	−59		28.1	115	−76		8.28	25.7	−68
		铁岭	34.5	95.5	−64		33.3	35.9	−7		48.7	210	−77		17.6	41.8	−58
	柴河	柴河	1.91	8.79	−78		1.01	2.95	−66		3.20	19.8	−84		1.70	3.80	−55
	清河	开原	12.8	24.6	−48		22.5	13.1	71		9.13	51.9	−82		1.80	7.01	−74

续表

流域	河名	站名	全年平均流量 2018年全年 (m³/s)	全年平均流量 多年平均 (m³/s)	全年平均流量 距平 (%)	汛前平均流量 2018年1—5月 (m³/s)	汛前平均流量 多年平均 (m³/s)	汛前平均流量 距平 (%)	汛期平均流量 2018年6—9月 (m³/s)	汛期平均流量 多年平均 (m³/s)	汛期平均流量 距平 (%)	汛后平均流量 2018年10—12月 (m³/s)	汛后平均流量 多年平均 (m³/s)	汛后平均流量 距平 (%)
浑太河	浑河	沈阳	19.7	50.1	-61	21.2	26.6	-20	24.3	103	-76	11.0	18.7	-41
浑太河	太子河	本溪	27.8	45.8	-39	33.9	21.5	58	33.3	95.5	-65	10.3	19.9	-48
浑太河	太子河	辽阳	21.8	62.5	-65	36.5	33.3	10	17.7	126	-86	3.20	25.6	-87
鸭绿江	鸭绿江	荒沟	423	722	-41	241	581	-59	519	985	-47	594	604	-2
大小凌河	大凌河	朝阳	6.75	20.3	-67	6.42	8.87	-28	7.20	39.2	-82	6.69	13.8	-51
大小凌河	大凌河	义县	12.2	26.4	-54	13.6	13.4	2	19.4	50.5	-62	0.400	15.8	-97
大小凌河	小凌河	锦州	0.505	9.23	-95	0.437	1.95	-78	0.970	22.0	-96	0	4.20	-100

第四章　大型水库

本书统计分析流域内资料较为齐全的77座大型水库,其中黑龙江省15座、吉林省19座、辽宁省34座、内蒙古自治区(仅包括赤峰市、通辽市、呼伦贝尔市和兴安盟,下同)9座,分布在流域内的13个子流域,分别为黑龙江干流2座、嫩江8座、第二松花江13座、松花江干流8座、乌苏里江2座、图们江1座、西辽河7座、东辽河1座、辽河干流6座、浑太河4座、鸭绿江8座、大小凌河8座、辽东半岛9座。

一、汛初蓄水

2018年汛初,松辽流域77座大型水库蓄水总量为233.41亿 m^3,较2017年同期少蓄24.35亿 m^3,偏少近1成;较常年同期少蓄10.27亿 m^3,略偏少。

与2017年同期相比:按省(区)统计,黑龙江省偏少近3成,吉林省偏少1成,辽宁省偏少近1成,内蒙古自治区偏多2成;按水系统计,松花江干流、图们江、辽河干流偏少4~5成,第二松花江、乌苏里江、浑太河偏少1~2成,东辽河偏少近1成,西辽河、鸭绿江基本持平,黑龙江干流、嫩江、辽东半岛偏多1~2成,大小凌河偏多3成。

与常年同期相比:按省(区)统计,黑龙江省偏少2成,吉林省偏多近1成,辽宁省基本持平,内蒙古自治区偏少近3成;按水系统计,西辽河偏少近6成,嫩江、松花江干流、辽河干流、辽东半岛偏少3成,乌苏里江、浑太河偏少1~2成,黑龙江干流、第二松花江基本持平,图们江、鸭绿江偏多1成,大小凌河偏多5成,东辽河偏多近1倍。2018年汛初松辽流域大型水库蓄水情况见表4-1、表4-2和图4-1、图4-2。

表4-1　2018年汛初松辽流域各省(区)大型水库蓄水情况

所在省	统计水库座数(座)	蓄水量		
		汛初(百万 m^3)	与2017年同期比较(%)	与常年同期比较(%)
黑龙江	15	1 177.70	−25	−21
吉林	19	12 929.40	−13	6
辽宁	34	6 145.31	−9	−3
内蒙古	9	3 088.61	21	−28
合计	77	23 341.02	−9	−4

表 4-2　2018 年汛初松辽流域各流域大型水库蓄水情况

流域	统计水库座数(座)	蓄水量 汛初(百万 m³)	与 2017 年同期比较(%)	与常年同期比较(%)
黑龙江干流	2	195.50	17	5
嫩江	8	3 361.07	13	−25
第二松花江	13	9 286.61	−15	0
松花江干流	8	578.15	−40	−32
乌苏里江	2	306.71	−10	−16
图们江	1	96.92	−48	8
西辽河	7	125.09	3	−59
东辽河	1	778.00	−7	97
辽河干流	6	422.53	−43	−29
浑太河	4	1 806.73	−19	−14
鸭绿江	8	4 695.16	−5	14
大小凌河	8	1 019.94	34	54
辽东半岛	9	668.61	16	−27
合计	77	23 341.02	−9	−4

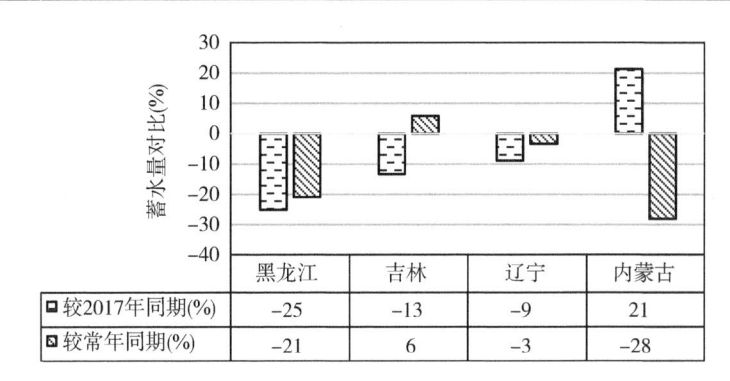

	黑龙江	吉林	辽宁	内蒙古
较2017年同期(%)	−25	−13	−9	21
较常年同期(%)	−21	6	−3	−28

图 4-1　2018 年汛初松辽流域各省(区)大型水库蓄水情况

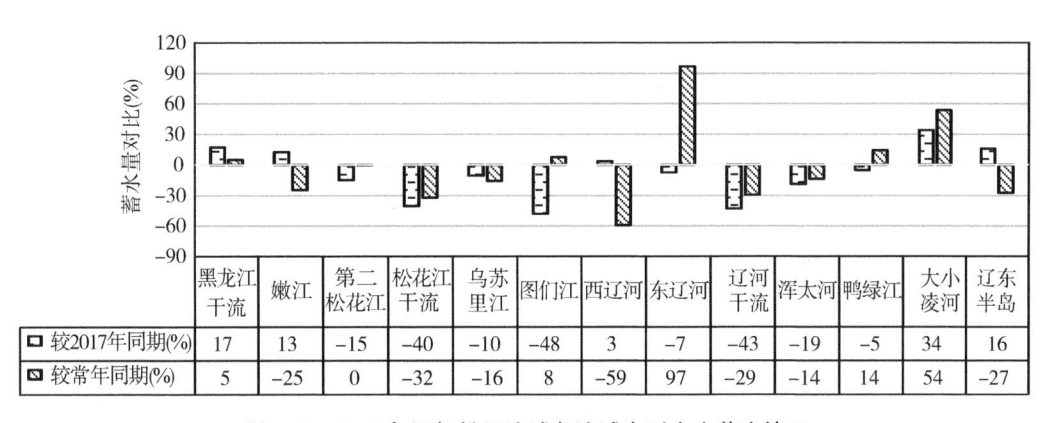

	黑龙江干流	嫩江	第二松花江	松花江干流	乌苏里江	图们江	西辽河	东辽河	辽河干流	浑太河	鸭绿江	大小凌河	辽东半岛
较2017年同期(%)	17	13	−15	−40	−10	−48	3	−7	−43	−19	−5	34	16
较常年同期(%)	5	−25	0	−32	−16	8	−59	97	−29	−14	14	54	−27

图 4-2　2018 年汛初松辽流域各流域大型水库蓄水情况

二、汛末蓄水

2018年汛末,松辽流域77座大型水库蓄水总量为334.58亿 m^3,较2017年同期多蓄72.74亿 m^3,偏多近3成;较常年同期多蓄20.23亿 m^3,偏多近1成。

与2017年同期相比:按省(区)统计,辽宁省偏多1成,黑龙江省、吉林省和内蒙古自治区偏多3~4成;按水系统计,辽河干流偏少近5成,西辽河、东辽河、大小凌河偏少近1成,浑太河偏多近1成,黑龙江干流、第二松花江、乌苏里江、图们江偏多1~2成,嫩江、松花江干流、辽东半岛偏多3~5成,鸭绿江偏多6成。

与常年同期相比:按省(区)统计,吉林省基本持平,辽宁省、内蒙古自治区偏多1成,黑龙江省偏多近4成;按水系统计,西辽河、辽河干流偏少5~6成,第二松花江偏少近1成,浑太河、辽东半岛略偏多,嫩江、图们江偏多1~2成,黑龙江干流、松花江干流、乌苏里江、大小凌河、鸭绿江偏多3~4成,东辽河偏多近8成。2018年汛末松辽流域大型水库蓄水情况见表4-3、表4-4和图4-3、图4-4。

表4-3 2018年汛末松辽流域各省(区)大型水库蓄水情况

所在省	统计水库座数(座)	蓄水量		
		汛末(百万 m^3)	与2017年同期比较(%)	与常年同期比较(%)
黑龙江	15	2 082.23	35	38
吉林	19	17 043.96	32	2
辽宁	34	7 905.39	10	8
内蒙古	9	6 426.44	42	10
合计	77	33 458.02	28	6

表4-4 2018年汛末松辽流域各流域大型水库蓄水情况

流域	统计水库座数(座)	蓄水量		
		汛末(百万 m^3)	与2017年同期比较(%)	与常年同期比较(%)
黑龙江干流	2	333.18	12	39
嫩江	8	7 087.04	46	15
第二松花江	13	11 980.42	22	−6
松花江干流	8	1 169.63	47	42
乌苏里江	2	400.80	12	31
图们江	1	148.02	15	22
西辽河	7	123.54	−7	−62
东辽河	1	831.00	−6	75
辽河干流	6	415.51	−47	−51

续表

流域	统计水库座数(座)	蓄水量 汛末(百万 m³)	蓄水量 与2017年同期比较(%)	蓄水量 与常年同期比较(%)
浑太河	4	2 425.07	6	3
鸭绿江	8	6 340.11	64	26
大小凌河	8	979.69	-8	25
辽东半岛	9	1 224.01	32	4
合计	77	33 458.02	28	6

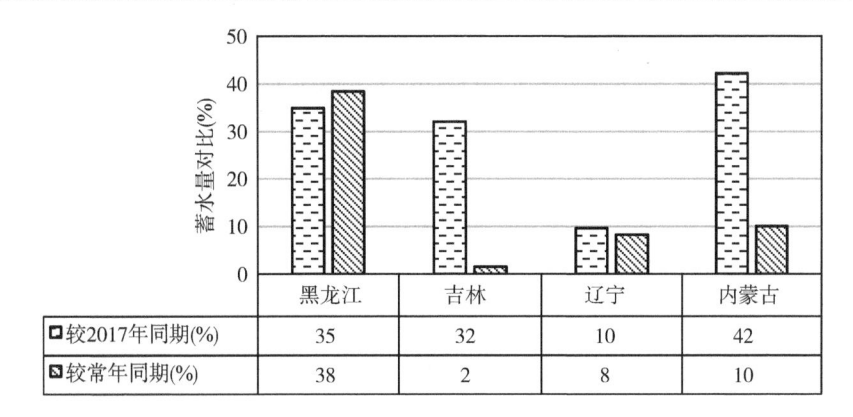

	黑龙江	吉林	辽宁	内蒙古
较2017年同期(%)	35	32	10	42
较常年同期(%)	38	2	8	10

图 4-3　2018 年汛末松辽流域各省(区)大型水库蓄水情况

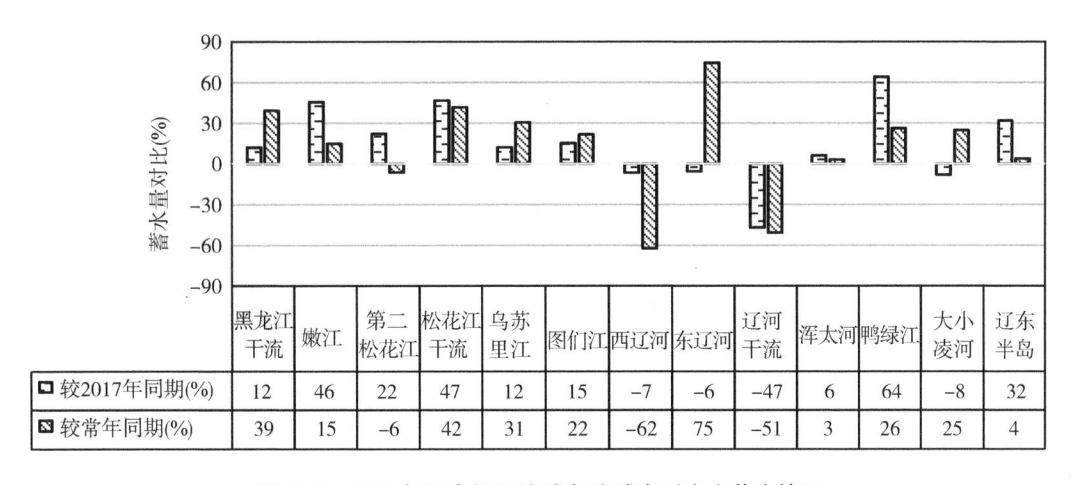

	黑龙江干流	嫩江	第二松花江	松花江干流	乌苏里江	图们江	西辽河	东辽河	辽河干流	浑太河	鸭绿江	大小凌河	辽东半岛
较2017年同期(%)	12	46	22	47	12	15	-7	-6	-47	6	64	-8	32
较常年同期(%)	39	15	-6	42	31	22	-62	75	-51	3	26	25	4

图 4-4　2018 年汛末松辽流域各流域大型水库蓄水情况

三、年末蓄水

2018年末,松辽流域77座大型水库蓄水总量为310.44亿 m³,较2017年同期多蓄57.19亿 m³,偏多2成;较常年同期多蓄56.62亿 m³,偏多2成。

与2017年同期相比:按省(区)统计,辽宁省偏多1成,吉林省、内蒙古自治区偏多近3

成,黑龙江省偏多4成;按水系统计,辽河干流偏少4成,西辽河、大小凌河偏少1成,东辽河略偏少,黑龙江干流、第二松花江、乌苏里江、浑太河偏多1～2成,嫩江、松花江干流、图们江、辽东半岛偏多3～4成,鸭绿江偏多近5成。

与常年同期相比:按省(区)统计,内蒙古自治区偏多1成,吉林省、辽宁省偏多2～3成,黑龙江省偏多近5成;按水系统计,西辽河偏少近6成,辽河干流偏少近2成,嫩江、第二松花江、乌苏里江、辽东半岛偏多1～2成,松花江干流、浑太河、鸭绿江偏多3～4成,大小凌河偏多近5成,黑龙江干流、图们江偏多6～7成,东辽河偏多1倍以上。2018年末松辽流域大型水库蓄水情况见表4-5、表4-6和图4-5、图4-6。2018年松辽流域各大型水库蓄水情况详见表4-7～表4-9。

表4-5　2018年末松辽流域各省大型水库蓄水情况

所在省	统计水库座数(座)	蓄水量 年末(百万 m³)	与2017年同期比较(%)	与常年同期比较(%)
黑龙江	15	2 209.27	44	48
吉林	19	14 864.76	26	22
辽宁	34	8 021.13	10	26
内蒙古	9	5 948.69	27	12
合计	77	31 043.85	23	22

表4-6　2018年末松辽流域各流域大型水库蓄水情况

流域	统计水库座数(座)	蓄水量 年末(百万 m³)	与2017年同期比较(%)	与常年同期比较(%)
黑龙江干流	2	309.99	20	66
嫩江	8	6 743.00	34	23
第二松花江	13	10 578.07	18	13
松花江干流	8	1 101.78	42	30
乌苏里江	2	449.89	24	24
图们江	1	153.64	33	70
西辽河	7	125.75	−12	−59
东辽河	1	854.00	−4	116
辽河干流	6	485.86	−41	−19
浑太河	4	2 862.05	23	37
鸭绿江	8	5 247.47	46	28
大小凌河	8	988.84	−12	49
辽东半岛	9	1 143.51	28	24
合计	77	31 043.85	23	22

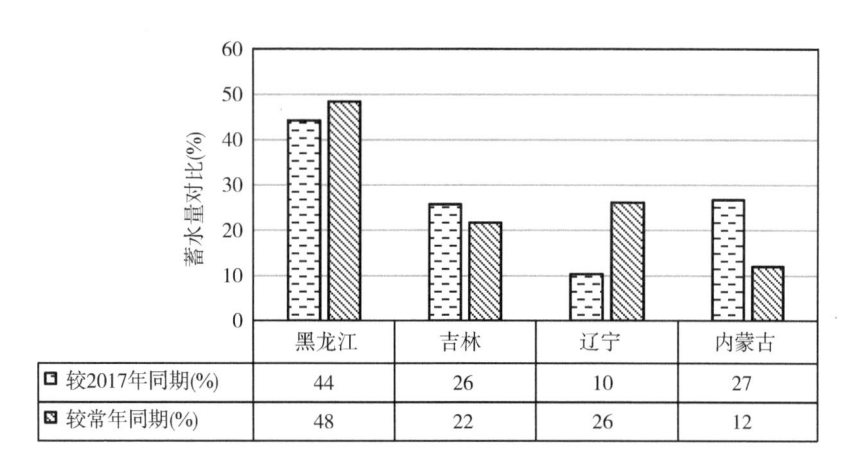

图4-5 2018年末松辽流域各省大型水库蓄水情况

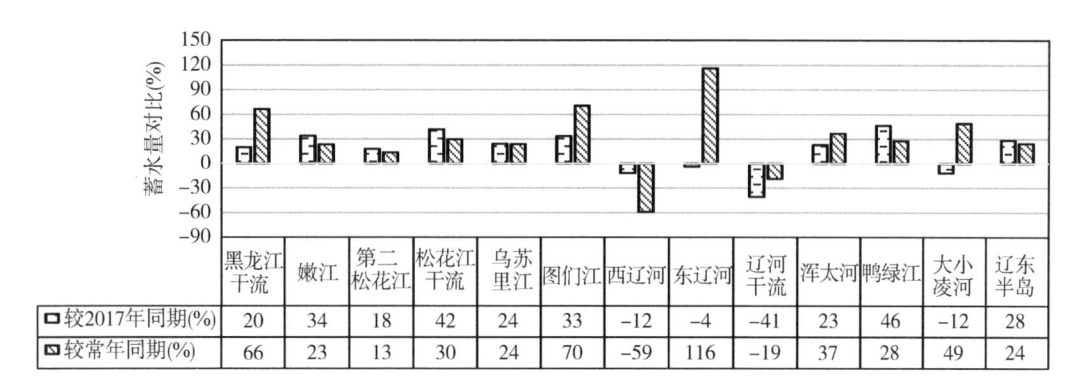

	黑龙江	吉林	辽宁	内蒙古
较2017年同期(%)	44	26	10	27
较常年同期(%)	48	22	26	12

图4-6 2018年末松辽流域各流域大型水库蓄水情况

	黑龙江干流	嫩江	第二松花江	松花江干流	乌苏里江	图们江	西辽河	东辽河	辽河干流	浑太河	鸭绿江	大小凌河	辽东半岛
较2017年同期(%)	20	34	18	42	24	33	-12	-4	-41	23	46	-12	28
较常年同期(%)	66	23	13	30	24	70	-59	116	-19	37	28	49	24

表4-7 2018年汛初松辽流域大型水库蓄水情况

名称	所在省	汛初蓄水量(百万 m^3)			库水位(m)		
		2018年	2017年	常年同期	汛初	正常高水位	死水位
西沟水库	黑龙江	54.35	27.60	69.64	338.49	343.50	327.00
库尔滨水库	黑龙江	141.15	138.91	116.59	388.69		385.00
青年水库(裴)	黑龙江	95.40	126.00	90.36	123.50	128.18	121.00
龙头桥水库	黑龙江	211.31	216.49	273.21	122.63	125.35	114.50
西泉眼水库	黑龙江	180.00	252.28	182.58	206.65	212.10	200.00
东方红水库	黑龙江	37.00	26.08	58.54	234.31	239.12	232.40
桦树川水库	黑龙江	52.62	60.97	46.82	360.26	365.74	356.00
桃山水库	黑龙江	51.92	98.75	52.71	173.89	179.60	171.50
向阳山水库	黑龙江	31.20	60.20	43.14	166.99	170.50	163.00
太平湖水库	黑龙江	14.54	24.71	29.87	191.96		190.70
音河水库	黑龙江	19.11	44.29	47.83	197.33	205.68	196.70

续表

名称	所在省	汛初蓄水量(百万 m^3)			库水位(m)		
		2018年	2017年	常年同期	汛初	正常高水位	死水位
东升水库	黑龙江	49.00	31.24	28.96	149.40	149.80	148.00
双阳河水库	黑龙江	31.00	32.64	10.06	181.55	186.70	180.40
磨盘山水库	黑龙江	145.00	291.00	307.20	308.32	318.00	298.00
龙凤山水库	黑龙江	64.10	141.00	131.31	220.44	227.30	219.50
亮甲山水库	吉林	16.31	39.53	28.16	198.15	202.40	196.50
二龙山水库	吉林	778.00	840.00	395.32	221.15	222.50	214.00
两江水库	吉林	151.32	101.41	146.30	543.12	545.00	526.60
白山水库	吉林	4 029.87	4 361.03	3 818.70	404.77	413.00	380.00
红石水库	吉林	158.90	155.69	143.10	289.73	290.00	289.00
丰满水库	吉林	3 728.00	4 717.00	4 169.00	247.46	263.50	242.00
松山水库	吉林	69.41	99.51	64.18	696.31	711.00	671.00
小山水库	吉林	85.79	80.21	74.45	680.02	683.00	664.00
双沟水库	吉林	311.73	271.68	286.77	580.58	585.00	567.00
海龙水库	吉林	54.53	107.44	53.18	384.84	391.50	380.00
哈达山水库	吉林	145.00	191.00	194.00	139.83	140.50	140.00
石头口门水库	吉林	156.56	350.66	163.34	185.58	188.35	182.50
星星哨水库	吉林	80.90	90.20	62.58	242.79	247.00	236.00
新立城水库	吉林	266.57	324.98	121.88	218.52	219.63	210.80
太平池水库	吉林	48.03	54.22	26.68	183.47	183.74	181.00
月亮湖水库	吉林	172.00	277.00	244.39	128.98		127.00
向海水库	吉林	111.90	147.75	107.42	165.76		164.50
老龙口水库	吉林	96.92	187.02	90.14	102.91	109.00	99.00
云峰水库	吉林	2 467.66	2 514.00	2 030.67	304.97	318.75	281.75
太平湾水库	辽宁	165.53	161.00	163.88	29.28	29.50	28.80
桓仁水库	辽宁	1 647.28	1 878.28	1 491.13	293.65	300.00	290.00
回龙山水库	辽宁	84.43	79.48	83.83	220.37	221.00	219.00
双岭水库	辽宁	33.30	33.30	33.38	152.00	152.50	150.50
太平哨水库	辽宁	161.08	159.11	156.00	191.25	191.50	190.00
三湾水库	辽宁	40.38	43.38	42.90	19.19	20.50	15.60
铁甲水库	辽宁	95.50	87.70	111.28	84.40	89.09	75.09
石佛寺水库	辽宁	18.42	14.32	17.25	46.18		
柴河水库	辽宁	149.18	206.00	196.08	97.87	108.00	84.00

续表

名称	所在省	汛初蓄水量(百万 m³) 2018年	2017年	常年同期	库水位(m) 汛初	正常高水位	死水位
榛子岭水库	辽宁	51.20	91.90	77.01	185.92	193.80	175.60
清河水库	辽宁	122.37	343.45	216.81	115.37	131.00	109.70
南城子水库	辽宁	77.36	78.48	85.36	145.69	149.00	136.30
闹德海水库	辽宁	4.00	6.02	6.27	173.21	181.50	151.50
大伙房水库	辽宁	775.39	709.67	786.44	123.11	131.50	108.00
观音阁水库	辽宁	780.42	1 158.00	952.23	242.62	255.20	207.70
葠窝水库	辽宁	128.37	151.00	169.14	85.35	96.60	74.70
汤河水库	辽宁	122.54	207.34	188.42	96.97	109.36	85.26
宫山嘴水库	辽宁	53.63	62.31	38.54	394.76	398.45	387.11
阎王鼻子水库	辽宁	56.18	45.75	45.74	210.25	213.50	204.50
白石水库	辽宁	542.70	353.93	294.55	120.30	127.00	108.00
佛寺水库	辽宁	4.19	12.20	9.29	135.60	140.00	132.50
锦凌水库	辽宁	195.00	109.44	124.11	49.50	60.00	41.00
乌金塘水库	辽宁	74.06	79.53	73.42	85.82	88.00	75.90
龙屯水库	辽宁	32.10	38.44	29.22	69.06	71.70	60.80
大风口水库	辽宁	62.08	59.99	49.54	103.60	105.90	85.40
石门水库	辽宁	24.67	31.18	41.07	123.52	140.20	110.30
松树水库	辽宁	10.13	14.08	34.42	99.36	107.21	96.82
东风水库	辽宁	70.50	74.70	74.46	50.00	53.00	40.00
土门子水库	辽宁	100.00	71.30	82.00	57.01	62.39	43.00
转角楼水库	辽宁	86.28	54.77	76.94	40.13	41.79	26.50
英那河水库	辽宁	133.60	122.90	156.30	73.70	79.10	59.50
朱家隈水库	辽宁	51.90	67.52	86.57	38.77	43.26	31.45
碧流河水库	辽宁	182.00	132.00	341.08	54.48	69.00	47.00
刘大水库	辽宁	9.53	9.00	26.72	78.66	88.25	76.63
察尔森水库	内蒙古	184.42	120.54	379.60	349.17	365.40	342.00
尼尔基水库	内蒙古	2 779.10	2 305.50	3 609.90	206.83	216.00	195.00
莫力庙水库	内蒙古	0.00	0.00	40.76		211.00	206.00
红山水库	内蒙古	49.17	39.70	90.73	426.24	437.50	430.30
打虎石水库	内蒙古	55.73	56.86	43.75	717.18	719.30	700.80
他拉干水库	内蒙古	0.00	0.00	50.14		234.00	230.00
孟家段水库上	内蒙古	13.92	14.20	19.04	277.48	277.50	275.50
孟家段水库下	内蒙古	4.73	10.10	21.26	270.20	274.00	270.00
舍力虎水库	内蒙古	1.54	0.00	42.77	374.37	380.00	375.50

表 4-8　2018 年汛末松辽流域大型水库蓄水情况

名称	所在省	汛末蓄水量(百万 m³) 2018年	2017年	常年同期	库水位(m) 汛末	正常高水位	死水位
西沟水库	黑龙江	119.18	84.89	79.48	343.17	343.50	327.00
库尔滨水库	黑龙江	214.00	212.36	159.69	390.55		385.00
青年水库(裴)	黑龙江	165.00	137.00	92.00	125.52	128.18	121.00
龙头桥水库	黑龙江	235.80	220.19	215.10	123.27	125.35	114.50
西泉眼水库	黑龙江	307.18	160.00	179.58	210.38	212.10	200.00
东方红水库	黑龙江	91.90	52.50	65.76	237.69	239.12	232.40
桦树川水库	黑龙江	66.70	53.81	36.48	362.40	365.74	356.00
桃山水库	黑龙江	120.63	97.04	62.07	176.83	179.60	171.50
向阳山水库	黑龙江	52.30	42.00	33.87	168.78	170.50	163.00
太平湖水库	黑龙江	46.06	29.70	33.48	194.73		190.70
音河水库	黑龙江	108.08	20.52	73.27	202.95	205.68	196.70
东升水库	黑龙江	39.00	37.70	30.91	149.03	149.80	148.00
双阳河水库	黑龙江	26.40	28.85	31.15	181.88	186.70	180.40
磨盘山水库	黑龙江	349.00	259.00	307.66	317.76	318.00	298.00
龙凤山水库	黑龙江	141.00	108.00	104.07	224.11	227.30	219.50
亮甲山水库	吉林	40.92	24.44	34.71	199.80	202.40	196.50
二龙山水库	吉林	831.00	880.00	475.85	221.59	222.50	214.00
两江水库	吉林	64.12	52.80	143.08	532.33	545.00	526.60
白山水库	吉林	5 152.71	3 899.30	4 694.00	414.47	413.00	380.00
红石水库	吉林	161.97	157.57	163.00	289.96	290.00	289.00
丰满水库	吉林	5 021.00	4 241.00	6 558.00	252.77	263.50	242.00
松山水库	吉林	74.00	30.89	80.56	697.77	711.00	671.00
小山水库	吉林	82.94	84.38	83.38	679.04	683.00	664.00
双沟水库	吉林	301.19	273.72	334.66	579.36	585.00	567.00
海龙水库	吉林	51.77	94.93	65.13	384.53	391.50	380.00
哈达山水库	吉林	190.00	170.00	180.00	140.40	140.50	140.00
石头口门水库	吉林	372.36	340.22	199.68	188.45	188.35	182.50
星星哨水库	吉林	112.00	90.80	75.82	245.25	247.00	236.00
新立城水库	吉林	340.44	319.69	173.96	219.66	219.63	210.80
太平池水库	吉林	55.92	54.22	37.21	183.71	183.74	181.00
月亮湖水库	吉林	430.70	219.20	366.08	130.73		127.00
向海水库	吉林	133.90	136.36	124.00	166.26		164.50
老龙口水库	吉林	148.02	128.42	121.67	107.75	109.00	99.00
云峰水库	吉林	3 479.00	1 711.90	2 876.25	316.49	318.75	281.75
太平湾水库	辽宁	165.00	156.00	162.88	29.26	29.50	28.80

续表

名称	所在省	汛末蓄水量(百万 m³) 2018年	2017年	常年同期	库水位(m) 汛末	正常高水位	死水位
桓仁水库	辽宁	2 251.96	1 539.90	1 533.49	300.52	300.00	290.00
回龙山水库	辽宁	86.41	88.48	84.59	220.59	221.00	219.00
双岭水库	辽宁	34.60	33.95	36.13	152.15	152.50	150.50
太平哨水库	辽宁	157.80	163.70	158.00	191.00	191.50	190.00
三湾水库	辽宁	38.54	39.03	39.51	19.00	20.50	15.60
铁甲水库	辽宁	126.80	128.20	132.63	86.57	89.09	75.09
石佛寺水库	辽宁	18.42	17.08	17.26	46.18		
柴河水库	辽宁	133.79	234.00	277.72	96.76	108.00	84.00
榛子岭水库	辽宁	26.70	65.10	77.73	181.70	193.80	175.60
清河水库	辽宁	164.96	368.34	371.46	117.62	131.00	109.70
南城子水库	辽宁	64.94	89.02	90.86	144.42	149.00	136.30
闹德海水库	辽宁	6.70	7.77	7.21	174.30	181.50	151.50
大伙房水库	辽宁	745.66	796.57	927.36	122.64	131.50	108.00
观音阁水库	辽宁	1 193.11	1 122.00	1 018.34	251.23	255.20	207.70
葠窝水库	辽宁	333.20	165.60	175.02	93.45	96.60	74.70
汤河水库	辽宁	153.10	201.50	229.91	99.10	109.36	85.26
宫山嘴水库	辽宁	68.46	66.85	49.08	396.99	398.45	387.11
阎王鼻子水库	辽宁	54.51	54.01	50.08	210.15	213.50	204.50
白石水库	辽宁	428.31	523.88	361.30	117.84	127.00	108.00
佛寺水库	辽宁	3.47	21.00	14.80	135.26	140.00	132.50
锦凌水库	辽宁	230.30	196.20	138.98	50.80	60.00	41.00
乌金塘水库	辽宁	86.37	86.13	84.00	86.90	88.00	75.90
龙屯水库	辽宁	32.81	41.39	30.82	69.20	71.70	60.80
大风口水库	辽宁	75.46	76.28	56.37	105.70	105.90	85.40
石门水库	辽宁	42.82	35.77	47.42	129.85	140.20	110.30
松树水库	辽宁	29.20	14.48	40.90	103.68	107.21	96.82
东风水库	辽宁	81.76	63.53	73.33	51.07	53.00	40.00
土门子水库	辽宁	129.40	121.00	116.72	59.57	62.39	43.00
转角楼水库	辽宁	105.25	83.82	73.70	41.45	41.79	26.50
英那河水库	辽宁	230.00	225.40	196.20	79.06	79.10	59.50
朱家隈水库	辽宁	80.46	76.46	90.96	41.05	43.26	31.45
碧流河水库	辽宁	478.00	300.00	502.03	64.13	69.00	47.00
刘大水库	辽宁	47.12	8.03	36.65	86.24	88.25	76.63
察尔森水库	内蒙古	419.40	202.20	525.80	355.08	365.40	342.00
尼尔基水库	内蒙古	5 883.50	4 185.50	4 988.20	214.82	216.00	195.00

续表

名称	所在省	汛末蓄水量(百万 m³) 2018年	2017年	常年同期	库水位(m) 汛末	正常高水位	死水位
莫力庙水库	内蒙古	0.00	0.00	40.17		211.00	206.00
红山水库	内蒙古	45.51	44.43	83.35	426.07	437.50	430.30
打虎石水库	内蒙古	59.07	58.80	55.48	717.86	719.30	700.80
他拉干水库	内蒙古	0.00	0.00	57.89		234.00	230.00
孟家段水库上	内蒙古	14.20	12.80	17.12	277.50	277.50	275.50
孟家段水库下	内蒙古	4.13	13.80	19.92	270.00	274.00	270.00
舍力虎水库	内蒙古	0.63	2.42	52.39	374.11	380.00	375.50

表 4-9 2018 年末松辽流域大型水库蓄水情况

名称	所在省	年末蓄水量(百万 m³) 2018年	2017年	常年同期	库水位(m) 年末	正常高水位	死水位
西沟水库	黑龙江	125.16	126.10	69.64	343.49	343.50	327.00
库尔滨水库	黑龙江	184.83	132.82	116.59	389.87		385.00
青年水库(裴)	黑龙江	178.00	133.00	90.36	125.82	128.18	121.00
龙头桥水库	黑龙江	271.89	229.40	273.21	124.16	125.35	114.50
西泉眼水库	黑龙江	276.00	200.98	182.58	209.55	212.10	200.00
东方红水库	黑龙江	93.10	52.50	58.54	237.75	239.12	232.40
桦树川水库	黑龙江	65.82	55.30	46.82	362.27	365.74	356.00
桃山水库	黑龙江	120.01	89.42	52.71	176.81	179.60	171.50
向阳山水库	黑龙江	59.10	48.00	43.14	169.28	170.50	163.00
太平湖水库	黑龙江	46.22	33.20	29.87	194.74		190.70
音河水库	黑龙江	100.83	24.65	47.83	202.63	205.68	196.70
东升水库	黑龙江	62.36	62.94	28.96	149.49	149.80	148.00
双阳河水库	黑龙江	182.15	36.80	10.06	31.19	186.70	180.40
磨盘山水库	黑龙江	344.00	204.00	307.20	317.60	318.00	298.00
龙凤山水库	黑龙江	99.80	103.00	131.31	222.34	227.30	219.50
亮甲山水库	吉林	43.95	24.02	28.16	199.95	202.40	196.50
二龙山水库	吉林	854.00	886.00	395.32	221.78	222.50	214.00
两江水库	吉林	166.28	152.09	146.30	544.44	545.00	526.60
白山水库	吉林	4 953.05	3 947.26	3 818.70	412.89	413.00	380.00
红石水库	吉林	156.09	157.97	143.10	289.52	290.00	289.00
丰满水库	吉林	3 721.00	3 433.00	4 169.00	247.43	263.50	242.00
松山水库	吉林	94.26	13.75	64.18	703.73	711.00	671.00
小山水库	吉林	89.64	36.26	74.45	680.96	683.00	664.00
双沟水库	吉林	309.64	266.58	286.77	580.36	585.00	567.00

续表

名称	所在省	年末蓄水量(百万 m³) 2018 年	年末蓄水量(百万 m³) 2017 年	年末蓄水量(百万 m³) 常年同期	库水位(m) 年末	库水位(m) 正常高水位	库水位(m) 死水位
海龙水库	吉林	53.18	91.86	53.18	384.69	391.50	380.00
哈达山水库	吉林	183.00	178.00	194.00	140.34	140.50	140.00
石头口门水库	吉林	362.29	269.50	163.34	188.35	188.35	182.50
星星哨水库	吉林	101.00	94.30	62.58	244.44	247.00	236.00
新立城水库	吉林	331.66	295.61	121.88	219.53	219.63	210.80
太平池水库	吉林	56.98	53.54	26.68	183.74	183.74	181.00
月亮湖水库	吉林	393.40	207.20	244.39	130.53		127.00
向海水库	吉林	135.10	123.35	107.42	166.29		164.50
老龙口水库	吉林	153.64	115.20	90.14	108.18	109.00	99.00
云峰水库	吉林	2 706.60	1 480.09	2 030.67	307.91	318.75	281.75
太平湾水库	辽宁	162.00	159.00	163.88	29.04	29.50	28.80
桓仁水库	辽宁	1 923.18	1 503.48	1 491.13	297.05	300.00	290.00
回龙山水库	辽宁	84.61	76.58	83.83	220.39	221.00	219.00
双岭水库	辽宁	36.59	36.59	33.38	152.50	152.50	150.50
太平哨水库	辽宁	162.91	153.39	156.00	191.39	191.50	190.00
三湾水库	辽宁	43.38	49.32	42.90	19.50	20.50	15.60
铁甲水库	辽宁	128.20	127.80	111.28	86.66	89.09	75.09
石佛寺水库	辽宁	16.50	18.04	17.25	46.08		
柴河水库	辽宁	133.00	231.50	196.08	96.75	108.00	84.00
榛子岭水库	辽宁	28.10	86.40	77.01	182.00	193.80	175.60
清河水库	辽宁	230.21	378.50	216.81	120.44	131.00	109.70
南城子水库	辽宁	65.95	88.30	85.36	144.53	149.00	136.30
闹德海水库	辽宁	12.10	16.60	6.27	176.37	181.50	151.50
大伙房水库	辽宁	1 061.95	792.06	786.44	127.21	131.50	108.00
观音阁水库	辽宁	1 227.31	1 099.00	952.23	251.83	255.20	207.70
葠窝水库	辽宁	431.13	265.25	169.14	96.33	96.60	74.70
汤河水库	辽宁	141.66	176.44	188.42	98.33	109.36	85.26
宫山嘴水库	辽宁	62.31	64.31	38.54	396.09	398.45	387.11
阎王鼻子水库	辽宁	49.06	45.20	45.74	209.76	213.50	204.50
白石水库	辽宁	457.67	608.53	294.55	118.52	127.00	108.00
佛寺水库	辽宁	1.72	19.79	9.29	134.44	140.00	132.50
锦凌水库	辽宁	230.30	189.40	124.11	50.80	60.00	41.00
乌金塘水库	辽宁	84.80	82.06	73.42	86.77	88.00	75.90
龙屯水库	辽宁	30.66	39.56	29.22	68.79	71.70	60.80
大风口水库	辽宁	72.32	73.98	49.54	105.23	105.90	85.40
石门水库	辽宁	43.86	45.66	41.07	130.17	140.20	110.30

续表

名称	所在省	年末蓄水量(百万 m³)			库水位(m)		
		2018年	2017年	常年同期	年末	正常高水位	死水位
松树水库	辽宁	25.60	14.68	34.42	102.99	107.21	96.82
东风水库	辽宁	85.43	65.85	74.46	51.41	53.00	40.00
土门子水库	辽宁	114.90	113.10	82.00	58.35	62.39	43.00
转角楼水库	辽宁	107.93	85.86	76.94	41.63	41.79	26.50
英那河水库	辽宁	197.60	193.40	156.30	77.58	79.10	59.50
朱家隈水库	辽宁	83.31	72.67	86.57	41.24	43.26	31.45
碧流河水库	辽宁	442.00	283.00	341.08	63.29	69.00	47.00
刘大水库	辽宁	42.88	16.48	26.72	85.71	88.25	76.63
察尔森水库	内蒙古	487.14	237.84	480.90	356.45	365.40	342.00
尼尔基水库	内蒙古	5 335.80	4 314.40	4 521.60	213.63	216.00	195.00
莫力庙水库	内蒙古	0.00	0.00	40.76		211.00	206.00
红山水库	内蒙古	51.27	52.83	90.73	426.34	437.50	430.30
打虎石水库	内蒙古	62.27	68.70	43.75	718.49	719.70	700.80
他拉干水库	内蒙古	0.00	0.00	50.14		234.00	230.00
孟家段水库上	内蒙古	8.08	12.10	19.04	277.06	277.50	275.50
孟家段水库下	内蒙古	4.13	7.33	21.26	270.00	274.00	270.00
舍力虎水库	内蒙古	0.00	2.01	42.77		380.00	375.50

注：西辽河大石门水库、大小凌河青山水库为近年新建的大型水库，目前无常年同期数据，暂不列入统计。

四、水库超汛限情况

2018年汛期，松辽流域共有40座大型水库阶段性超汛限水位运行，其中黑龙江干流2座，嫩江5座，第二松花江7座，松花江干流9座，乌苏里江2座，图们江1座，辽河干流1座，浑太河1座，鸭绿江5座，大小凌河4座，辽东半岛3座。共有12座大型水库阶段性超正常高水位运行，其中第二松花江5座、松花江干流1座，图们江1座，鸭绿江4座、大小凌河1座。2018年汛期松辽流域大型水库超汛限情况统计表见表4-10，2018年松辽流域大型水库水情特征值统计表见表4-11。

表4-10 2018年汛期松辽流域大型水库超汛限情况统计表

流域	河流	水库名	超汛限水位天数(天)	超正常高水位天数(天)
黑龙江干流(2)	公别拉河	西沟水库	10	0
	库尔滨河	库尔滨水库(洪)	4	0
嫩江(5)	嫩江	尼尔基水库	23	0
	讷谟尔河	山口水库	10	0
	音河	音河水库	22	0

续表

流域	河流	水库名	超汛限水位天数（天）	超正常高水位天数（天）
嫩江(5)	双阳河	双阳河水库	43	0
	绰尔河	绰勒水库	18	0
第二松花江(7)	二道松花江	两江水库	1	0
	第二松花江	白山水库	1	28
	第二松花江	红石水库	11	11
	饮马河	石头口门水库	37	37
	岔路河	星星哨水库	32	0
	伊通河	新立城水库	38	33
	翁克河	太平池水库	12	12
松花江干流(9)	拉林河	磨盘山水库	14	2
	牤牛河	龙凤山水库	21	0
	阿什河	西泉眼水库	18	0
	扎音河	东方红水库	37	0
	泥河	泥河水库	4	0
	蛤蚂河	桦树川水库	10	0
	倭肯河	桃山水库	28	0
	小八虎力河	向阳山水库	18	0
	伊春河	西山水库	11	0
乌苏里江(2)	穆棱河	团结水库（穆）	25	0
	裴德河	青年水库	6	0
图们江(1)	珲春河	老龙口水库	35	26
辽河干流(1)	柳河	闹德海水库	12	0
浑太河(1)	太子河	覆窝水库	39	0
鸭绿江(5)	浑江	桓仁水库	29	29
	浑江	回龙山水库	4	4
	浑江	双岭水库	3	3
	浑江	太平哨水库	23	23
	爱河	三湾水库	2	0
大小凌河(4)	大凌河	阎王鼻子水库	14	0
	大凌河	白石水库	30	0
	女儿河	乌金塘水库	5	0
	石河	大风口水库	2	2
辽东半岛(3)	复州河	东风水库	2	0
	石嘴河	转角楼水库	1	0
	英那河	英那河水库	43	0

表 4-11　2018 年松辽流域大型水库水情特征值统计表

流域	河名	水库名	最大入库流量 数值 (m³/s)	时段长	出现日期	最大出库流量 数值 (m³/s)	时段长	出现日期	最高库水位 水位 (m)	相应蓄水量 (百万 m³)	出现日期
黑龙江干流	寇河	桃源峰（团结水库）	99.8			25.8		7月31日	218.95	53.22	7月11日
	法别拉河	象山水库	204	1天	6月18日	49.4	1天	7月22日	280.64	264.18	8月3日
	公别拉河	西沟水库	215	1天	6月18日	132	1天	7月5日	375.60	36.47	1月26日
	库尔滨河	库尔滨水库（洪）	87.9	1天	6月22日	390		12月21日	390.72	222.25	11月21日
嫩江	嫩江	尼尔基水库	3 410	6小时	7月25日	2 030	6小时	7月25日	214.82	5 883.5	10月1日
	讷谟尔河	山口水库	200	1天	7月12日	261	1天	7月11日	312.61	708.51	7月31日
	黄蒿沟	太平湖水库	44.8	1天	6月17日	28.2	1天	4月23日	194.84	47.76	10月11日
	音河	音河水库	87.6	1天	7月10日	45.0	1天	9月6日	202.98	108.8	9月17日
	乌裕尔河	东升水库	0			0			149.57	65.7	5月1日
	双阳河	双阳河水库	242	1天	9月5日	80.0	1天	9月5日	182.56	39.8	9月6日
	北引	红旗泡水库	0			1.64	1天	8月14日	147.90	112.6	9月10日
	北引	大庆水库	12.0	1天	6月29日	1.68	1天	6月29日	150.57	141.5	7月29日
	中引	龙虎泡水库	0			19.0	1天	6月29日	138.17	350.0	10月11日
	南引	南引水库	0			0			130.53	315.0	9月6日
	绰尔河	绰勒水库	358	1天	7月17日	0			230.24	168.2	10月21日
	洮儿河	察尔森水库	245	1天	7月25日	66.0	1天	5月24日	356.45	487.0	12月31日
	洮儿河	月亮湖水库	419	1天	7月23日	0		7月17日	130.73	430.7	8月29日
	额木太河	向海水库	19.4	1天	7月31日	0		1月11日	166.80	113.5	5月29日

续表

流域	河名	水库名	最大入库流量 数值(m³/s)	时段长	出现日期	最大出库流量 数值(m³/s)	时段长	出现日期	最高库水位 水位(m)	相应蓄水量(百万m³)	出现日期
第二松花江	二道松花江	两江水库	277	1天	8月25日	105	1天	5月31日	544.54	167.5	12月11日
	第二松花江	白山水库	5 120	3小时	8月24日	1 190	3小时	8月27日	416.15	5 372.9	10月16日
	第二松花江	红石水库	1 470	3小时	8月25日	1 020	3小时	8月26日	290.15	164.7	11月27日
	第二松花江	丰满水库	4 370	3小时	8月25日	1 170	3小时	9月26日	256.49	6 134.0	9月11日
	漫江	松山水库	192	1天	7月17日	61.5	1天	10月11日	705.18	99.6	12月21日
	松江河	小山水库	223	1天	8月25日	142	1天	8月22日	681.98	93.8	11月11日
	松江河	双沟水库	369	1天	8月25日	250	1天	8月23日	582.82	333	10月11日
	辉发河	海龙水库	24.6	6小时	5月29日	23.5	1天	5月11日	388.57	96.8	5月3日
	松花江	哈达山水库	1 440	1天	9月25日	1 300		9月30日	140.48	194.0	10月11日
	饮马河	石头口门水库	474	6小时	8月31日	150	1天	9月1日	188.65	392.6	11月1日
	岔路河	星星哨水库	83.3	1天	8月30日	70.0	1天	7月16日	245.72	119.0	9月13日
	伊通河	新立城水库	323	6小时	8月15日	100	1天	8月17日	219.71	343.9	9月11日
	翁克河	太平池水库	106	1天	8月16日	35.5	1天	9月1日	183.99	66.2	8月16日
松花江干流	松花江	大顶子山水库	5 050	1天	7月31日	5 450	1天	7月31日	116.00	1 059.0	7月19日
	拉林河	磨盘山水库	316	1天	9月7日	139	1天	9月9日	318.15	360.0	11月10日
	牤牛河	龙凤山水库	678	1天	9月1日	429	1天	9月2日	226.02	194.0	4月28日
	卡岔河	亮甲山水库	49.5	1天	8月31日	12.6	1天	11月21日	200.22	49.64	11月11日
	阿什河	西泉眼水库	288	1天	8月28日	90.0	1天	9月1日	210.45	309.9	9月16日
	扎音河	东方红水库	149	1天	7月27日	30.0	1天	7月29日	237.87		8月6日

续表

流域	河名	水库名	最大入库流量 数值(m³/s)	时段长	出现日期	最大出库流量 数值(m³/s)	时段长	出现日期	最高库水位 水位(m)	相应蓄水量(百万m³)	出现日期
松花江干流	泥河	泥河水库	45.0		7月21日	65.0		7月22日	132.49	41.7	10月1日
	牡丹江	镜泊湖水库	2 510	1天	8月27日	1 150	6小时	8月28日	354.04	1 695.0	8月28日
	牡丹江	莲花电站	3 630	6小时	8月31日	3 200	1天	9月2日	218.07		9月1日
	蛤蟆河	桦树川水库	57.6	1天	8月26日	13.0		6月2日	364.03		11月15日
	倭肯河	桃山水库	66.7	1天	9月10日	37.2		6月8日	177.28	135.0	9月13日
	小八虎力河	向阳山水库	10.6	1天	7月2日	30.4		5月11日	194.49		5月8日
	伊春河	西山水库	920		7月26日	570		7月26日	286.23	109.2	7月26日
乌苏里江	穆棱河	团结水库(穆)	76.8	1天	8月26日	29.9		9月1日	504.06	59.5	9月1日
	裴德河	青年水库	116	1天	8月31日	14.8		5月3日	125.82	178.0	11月21日
	挠力河	龙头桥水库	103	1天	9月8日	27.2	1天	6月3日	124.16	271.9	12月1日
	蛤蟆通河	蛤蟆通水库(洪)	6.13	1天	9月7日	8.17		6月22日	86.43		9月1日
图们江	珲春河	老龙口水库	568	6小时	8月26日	450	6小时	8月23日	110.21	183.4	9月14日
	西辽河	莫力庙水库	0			0				0	
	老哈河	红山水库	200		8月13日	0			426.54	55.6	4月1日
	黑里河	打虎石水库				10.0		7月25日	719.25	66.2	2月1日
西辽河	西拉木伦河	大石门水库	5	1天	7月26日	6.00		7月26日	1 070.97	159.7	7月27日
	新开河	他拉干水库	0			0				0	
	西辽河	孟家段水库上	50		3月26日	0			278.90	38.0	3月28日
	西辽河	孟家段水库下	0			0			270.70	7.33	1月2日

续表

流域	河名	水库名	最大入库流量 数值(m^3/s)	时段长	出现日期	最大出库流量 数值(m^3/s)	时段长	出现日期	最高库水位 水位(m)	相应蓄水量(百万m^3)	出现日期
西辽河	西辽河	吐尔吉山水库	0			0					1月11日
	教来河	舍力虎水库	0			0			374.50	2.0	4月21日
东辽河	东辽河	二龙山水库	336	1天	8月15日	74.6		5月21日	222.29	915.0	4月21日
辽河干流	辽河	石佛寺水库	217	1天	5月12日	210	1天	5月11日	46.39	22.5	3月28日
	柴河	柴河水库	51.7	6小时	7月14日	29.9		5月9日	102.75	231.5	1月6日
	汎河	榛河岭水库	38.9	2小时	7月14日	15.0		5月18日	188.72	74.2	5月12日
	清河	清河水库	94.5	6小时	8月14日	195	6小时	5月9日	126.01	396.5	5月4日
	叶赫河	南城子水库	33.0	6小时	8月13日	15	1小时	5月21日	146.65	88.2	4月26日
	柳河	闹德海水库	12.3	1天	3月23日	33.1		4月30日	180.40	32.6	4月27日
浑太河	浑河	大伙房水库	174	1天	9月1日	206		5月17日	127.16	1058.0	12月25日
	太子河	观音阁水库	570	6小时	8月14日	200		5月5日	252.00	1237.0	12月3日
	太子河	葠窝水库	387	6小时	8月7日	440	12小时	6月16日	96.41	434.1	12月21日
	汤河	汤河水库	40.9	6小时	8月14日	12.5	6小时	7月19日	100.31	171.8	1月11日
	鸭绿江	云峰水库	3850	1天	8月25日	448		8月24日	316.84	3514.0	9月22日
鸭绿江	鸭绿江	水丰水库(朝)	0			620		8月1日	112.70	8148.0	9月20日
	鸭绿江	太平湾水库	3740	1天	8月29日	838	12小时	8月15日	29.43	170.0	6月6日
	浑江	桓仁水库	2230	1天	8月25日	534	6小时	7月12日	302.02	2405.7	9月1日
	浑江	回龙山水库	831	1天	8月30日	799		8月30日	221.21	92.3	9月1日
	浑江	双岭水库	1730	1天	8月21日	1920		8月21日	152.70	38.0	3月11日
	浑江	太平哨水库	1390	4小时	8月24日	1430	4小时	8月24日	192.00	170.9	8月29日
	爱河	三湾水库	3770	1小时	8月21日	2690	1天	8月21日	20.10	49.3	1月11日
	大河	铁甲水库	164	3小时	8月20日	34.4	1小时	6月4日	87.64	129.4	11月15日

续表

流域	河名	水库名	最大入库流量 数值 (m³/s)	最大入库流量 时段长	最大入库流量 出现日期	最大出库流量 数值 (m³/s)	最大出库流量 时段长	最大出库流量 出现日期	最高库水位 水位 (m)	最高库水位 相应蓄水量 (百万 m³)	最高库水位 出现日期
大小凌河	大凌河	宫山咀水库	154	1小时	7月26日	42.5	2小时	7月29日	397.24	70.2	8月28日
	大凌河	阎王鼻子水库	71.7	6小时	7月27日	18.0		6月25日	210.46	59.7	12月3日
	大凌河	白石水库	96.6	6小时	8月14日	262		6月21日	122.05	642.6	5月3日
	伊马图河	佛寺水库	3.94	6小时	8月14日	0		1月11日	136.79	19.6	1月11日
	小凌河	锦凌水库	470	6小时	7月26日	10.0	1天	6月6日	50.90	233.4	8月28日
	女儿河	乌金塘水库	302	1小时	7月26日	50.7		7月26日	86.99	87.5	7月28日
	六股河	青山水库	658	1小时	7月25日	157		7月26日	77.08	147.4	7月26日
	王宝河	龙屯水库	46.6	6小时	8月15日	24.0		6月12日	70.36	39.4	1月11日
	石河	大风口水库	575	2小时	8月14日	96.6	2小时	8月15日	106.35	80.0	8月15日
辽东半岛	大清河	石门水库	250	1小时	8月20日	20.0	12小时	7月23日	130.62	45.3	1月11日
	复州河	松树水库	119	2小时	8月21日	1.00		7月7日	103.73	29.5	9月8日
	复州河	东风水库	614	1天	8月20日	101	6小时	8月21日	51.33	84.6	12月21日
	土牛河	土门子水库	229	1天	8月15日	25.1	4小时	8月4日	60.84	146.6	8月25日
	石嘴河	转角楼水库	266	6小时	8月20日	7.52		9月3日	41.61	107.6	12月21日
	英那河	英那河水库	1 300	1.5小时	8月20日	607		8月20日	79.10	231.0	9月16日
	庄河	朱家隈水库	237	6小时	8月20日	8.1		2月11日	41.24	83.3	12月11日
	碧流河	碧流河水库	1 800	6小时	8月20日	15.5		7月24日	64.14	478.0	9月7日
	大沙河	刘大水库	614	6小时	8月20日	0.75		1月11日	86.31	47.7	9月6日

五、重点水库

松辽水利委员会负责调度的大型水库有 4 座,分别为嫩江流域的尼尔基水库、察尔森水库以及第二松花江流域的白山水库、丰满水库。

(一)尼尔基水库

2018 年,尼尔基水库年降水量较常年同期偏多近 3 成,来水量较常年同期偏多 4 成。

1. 降水情况

2018 年,尼尔基水库年降水量 643.5 mm,较常年同期(507.2 mm)偏多近 3 成,其中汛期降水 594.5 mm,占全年降水总量的 92%,较常年同期(406.8 mm)偏多 46%;汛前降水 32.6 mm,较常年同期(67.6 mm)偏少 52%;汛后降水 16.4 mm,较常年同期(32.8 mm)偏少 50%。2018 年尼尔基水库各月降水量统计表见表 4-12。

表 4-12 2018 年尼尔基水库各月降水量统计表

月份	1月	2月	3月	4月	5月	6月	7月	8月	9月	10月	11月	12月	合计
降水量(mm)	1.4	1.2	5.7	1.0	23.3	179.1	201.9	107.1	106.4	13.0	1.8	1.6	643.5
常年同期(mm)	3.4	2.8	6.5	21.4	33.5	84.1	143.7	115.1	63.9	19.5	7.5	5.8	507.2
距平(%)	−59	−57	−12	−95	−30	113	41	−7	67	−33	−76	−72	27

2018 年汛期发生了 16 场明显的降水过程,降水过程最长持续时间 6 天,最短仅 1 天。最强降水过程发生在 6 月 12—16 日,过程累计降水量达到 84.7 mm;最大 1 日降水量 32.9 mm,发生在 6 月 13 日;最大 3 日降水量 64.0 mm,发生在 6 月 13—15 日。2018 年汛期尼尔基流域降水过程统计表见表 4-13。

表 4-13 2018 年汛期尼尔基流域降水过程统计表

序号	开始时间	结束时间	历时(天)	降水量(mm)	最大 1 日降水量(mm)	最大 3 日降水量(mm)
1	6月4日	6月6日	3	20.4	15.7	20.4
2	6月8日	6月9日	2	20.0	11.4	—
3	6月12日	6月16日	5	84.7	32.9	64.0
4	6月28日	7月1日	4	41.2	18.4	31.0
5	7月7日	7月9日	3	47.2	31.4	47.2
6	7月11日	7月12日	2	20.6	14.3	—
7	7月16日	7月21日	6	50.8	19.1	33.1
8	7月24日	7月24日	1	18.5	18.5	—
9	7月28日	7月30日	3	28.8	24.9	28.8
10	8月2日	8月3日	2	27.9	16.2	—

续表

序号	开始时间	结束时间	历时（天）	降水量(mm)	最大1日降水量(mm)	最大3日降水量(mm)
11	8月7日	8月9日	3	20.1	10.8	20.1
12	8月17日	8月21日	5	40.2	22.7	36.6
13	8月27日	8月29日	3	12.1	8.8	12.1
14	9月2日	9月4日	3	51.1	23.7	51.1
15	9月14日	9月15日	2	13.2	12.8	—
16	9月20日	9月23日	4	38.2	26.2	37.1

主要降水特点：

(1) 降水总量大

2018年汛期尼尔基水库以上流域累计降水594.5 mm，较常年同期(406.8 mm)偏多近5成，较2013年同期(563.8 mm)略偏多，列尼尔基水库建库以来第1位。

汛期各旬降水除8月下旬和9月中旬低于常年同期外，其他各旬均高于常年同期。其中，6月中旬和9月下旬的降水量明显多于多年均值，分别是常年同期的4倍、2.7倍。7月上旬和9月上旬也分别较常年同期偏多87%和78%。2018年汛期尼尔基水库逐旬降水量统计图见图4-7。

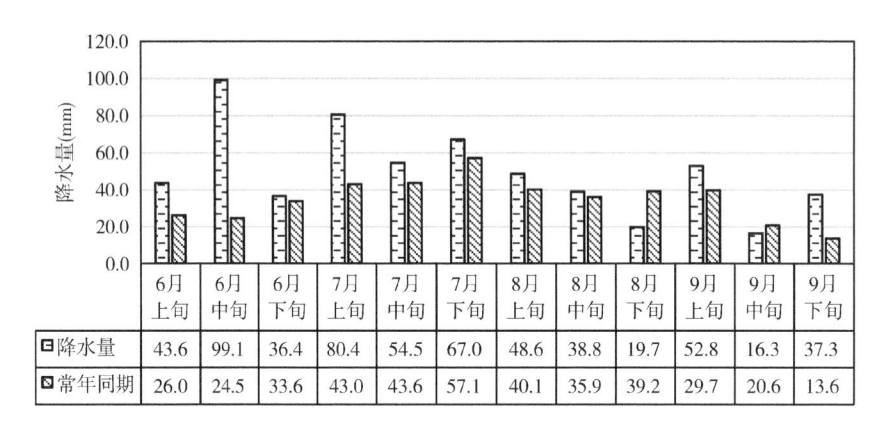

	6月上旬	6月中旬	6月下旬	7月上旬	7月中旬	7月下旬	8月上旬	8月中旬	8月下旬	9月上旬	9月中旬	9月下旬
降水量	43.6	99.1	36.4	80.4	54.5	67.0	48.6	38.8	19.7	52.8	16.3	37.3
常年同期	26.0	24.5	33.6	43.0	43.6	57.1	40.1	35.9	39.2	29.7	20.6	13.6

图4-7　2018年汛期尼尔基水库逐旬降水量统计图

汛期最大点雨量为库尔滨站1 046.0 mm，是水情自动测报系统运行以来汛期最大单站降水量，较2013年汛期单站最大降水量(721.0 mm)偏多45%，是常年同期的2.6倍。

(2) 降水量级大、强降水多发

按照《江河流域面雨量等级》(GB/T 20486—2006)的标准，2018年汛期流域24 h面雨量达到大雨量级(24 h面雨量值15～29.9 mm)的有11天，暴雨(24 h面雨量值30～59.9 mm)量级的有3天，列水库建库以来第1位。

(3) 非汛期降水严重偏少

2018年非汛期尼尔基水库以上流域累计降水49.0 mm，较常年同期(100.4 mm)偏少5成以上。非汛期各月降水量较常年同期均偏少，其中4月、11月、12月降水较常年同期均偏少7成以上。

2. 来水情况

2018年累计来水量149.25亿 m^3，较常年同期偏多4成。其中，汛期来水量120.16亿 m^3，占全年总来水量的81%，较常年同期(72.33亿 m^3)偏多近7成。7月来水量43.28亿 m^3，占全年总来水量的近3成，较常年同期偏多1倍以上。

汛前来水量9.59亿 m^3，占全年总来水量的6%，较常年同期(19.01亿 m^3)偏少5成。汛后来水量19.50亿 m^3，占全年总来水量的13%，较常年同期(13.51亿 m^3)偏多4成以上。

2018年汛期洪水具有以下特点：

(1) 汛前干旱

5月下旬平均入库流量148 m^3/s，仅占多年均值495 m^3/s(32年系列)的29.9%，列尼尔基水库建库以来少水年份第2位，仅高于2008年(73.6 m^3/s)。进入汛期(6月上旬)流域产流系数仅0.1左右，仅占2018年汛期流域平均产流系数(0.3)的33%。

(2) 洪水总量大

2018年汛期，尼尔基水库入库水量120.16亿 m^3，比多年同期均值72.33亿 m^3(32年系列)多66%，是水库成库后汛期来水次多年份，仅少于特大洪水年份2013年的197.10亿 m^3。最大30日洪量46.80亿 m^3，为超5年一遇洪水(5年一遇洪水30日洪量41.40亿 m^3)。

逐旬入库流量中，除6月上旬明显少于常年同期外，其余各旬均较常年同期偏多。其中，6月中下旬、7月中旬至8月上旬的入库流量较常年同期偏多1倍以上。

(3) 洪水历时长

汛期日均入库流量大于1 000 m^3/s 的天数达到了72天，占汛期总天数的59%，仅少于特大洪水年份2013年的183天，列建库后的第2位。连续超过1 000 m^3/s 的天数达到了43天，也仅次于特大洪水年份2013年的53天，列建库后的第2位。

3. 蓄水情况

年初库水位211.20 m，蓄水43.144亿 m^3；汛初库水位206.83 m，蓄水27.791亿 m^3；汛末库水位214.82 m，蓄水58.835亿 m^3；年末库水位213.63 m，蓄水53.358亿 m^3。最高库水位出现在10月1日8时，库水位214.82 m，蓄水58.835亿 m^3；最低水位出现在6月13日，库水位206.02 m，蓄水25.356亿 m^3。

2018年汛期，累计出库水量87.07亿 m^3，其中机组出流82.05亿 m^3，溢洪道放流4.88亿 m^3，左岸灌溉管放流0.14亿 m^3。汛期平均出库流量822 m^3/s，最大出库流量2 020 m^3/s，出现在7月26日。受来水偏多影响，水库先后两次开启溢洪道泄洪，第一次开启溢洪道泄洪时间为7月24日20时至27日14时，下泄流量在850 m^3/s 左右；第二次开启溢洪道泄洪时间为8月3日20时至7日17时，下泄流量在860 m^3/s 左右。

(二) 察尔森水库

2018年，察尔森水库年降水量较常年同期偏多近1成，来水量较常年同期偏少4成。

1. 降水情况

2018年，察尔森水库年降水量473.3 mm，较常年同期(430.7 mm)偏多近1成。其中，汛期降水402.7 mm，占全年降水总量的85%，较常年同期(356.6 mm)偏多13%；汛前降水67.6 mm，较常年同期(49.6 mm)偏多36%；汛后降水3.0 mm，较常年同期(24.2 mm)偏少88%。

2018年汛期发生了2场较大的降水过程,分别发生在7月16—21日和7月24日。

7月16—21日,受高空槽和副高后部切变影响,察尔森流域降小到中雨,局地大到暴雨,流域面平均雨量53.5 mm,最大点雨量为宝地站115.0 mm。

7月24日,受高空槽和台风"安比"残留云系影响,察尔森流域降中到大雨,局地暴雨到大暴雨,流域面平均雨量46.2 mm,最大点雨量为索伦站124.0 mm。

2. 来水情况

2018年累计来水量4.26亿 m^3,较常年同期(7.68亿 m^3)偏少近5成。其中,汛期来水量3.14亿 m^3,占全年总来水量的74%,较常年同期(6.07亿 m^3)偏少近5成。非汛期来水量1.12亿 m^3,较常年同期(1.62亿 m^3)偏少3成。7月来水量1.41亿 m^3,占全年总来水量的33%,较常年同期(2.05亿 m^3)偏少3成。

3. 蓄水情况

年初库水位350.74 m,蓄水2.38亿 m^3;汛初库水位349.17 m,蓄水1.84亿 m^3;汛末库水位355.13 m,蓄水4.22亿 m^3;年末库水位356.45 m,蓄水4.87亿 m^3。最高水位出现在年末;最低水位出现在6月26日8时,库水位347.27 m,蓄水1.30亿 m^3。

(三) 白山水库

2018年,白山水库年降水量较常年同期偏多2成,来水量较常年同期略偏多。

1. 降水情况

2018年,白山水库流域年降水量911.0 mm,较常年同期(750.7 mm)偏多2成。年降水量分布不均,5月、8月、9月降水量较常年同期明显偏多。

春汛期(4—5月),白山水库平均降水量143.9 mm,较常年同期(119.6 mm)偏多2成。汛期(6—9月),白山水库流域降水量639.6 mm,较常年同期(511.7 mm)偏多2成以上。其中,8月、9月降水量明显偏多,较同期多年均值偏多7~9成;7月降水量偏少,较常年同期偏少3成左右。

8月中下旬,受3个连续台风影响,白山水库流域发生了3次较强降水过程。其中,8月12—15日,白山水库流域平均降水量92.5 mm。8月20—21日,白山水库流域平均降水量49.3 mm。8月23—25日,白山水库流域平均降水量81.9 mm,最大点雨量为头道花园站128.0 mm。

2. 来水情况

2018年,白山水库天然来水量77.96亿 m^3,较常年同期(71.53亿 m^3)略偏多,为平水年。

全年来水过程呈现出"先小后大、7小8大9大",即春汛小夏汛大、主汛期7月小8月大、后汛期9月大的特点。

春汛期(4—5月),白山水库天然来水量16.33亿 m^3,较常年同期(19.20亿 m^3)偏少1成以上;汛期(6—9月),白山水库天然来水量43.54亿 m^3,较常年同期(41.12亿 m^3)略偏多。

主汛期(7—8月),白山水库天然来水量28.23亿 m^3,较常年同期(26.43亿 m^3)略偏多。7月来水量8.92亿 m^3,较常年同期(12.98亿 m^3)偏少3成;8月来水量19.31亿 m^3,

较常年同期(13.46 亿 m³)偏多 4 成;9 月来水量 7.92 亿 m³,较常年同期(6.19 亿 m³)偏多近 3 成。

白山抽蓄机组年抽水量 13.90 亿 m³,年发电用水量 0.09 亿 m³;汛期抽水量 3.52 亿 m³。

3. 蓄水情况

年初库水位 403.97 m,蓄水 39.47 亿 m³;汛初库水位 404.76 m,蓄水 40.29 亿 m³;汛末库水位 414.41 m,蓄水 51.45 亿 m³。最高水位出现在 10 月 16 日 8 时,库水位 416.15 m,蓄水 53.73 亿 m³;最低水位出现在 6 月 26 日 20 时,库水位 397.90 m,蓄水 33.60 亿 m³。

(四) 丰满水库

2018 年,丰满水库年降水量较常年同期略偏多,年来水量较常年同期基本持平。

1. 降水情况

2018 年,丰满水库流域年降水量 774.3 mm,较常年同期(738.0 mm)略偏多。主汛期 7 月 1 日—8 月 31 日丰满水库流域降水量 302.7 mm,较常年同期(342.0 mm)偏少 1 成。2018 年汛期丰满水库流域降水量 546.2 mm,较常年同期(524.0 mm)略偏多。

丰满水库流域 6 月降水量 140.3 mm,较常年同期(115.0 mm)偏多 2 成;7 月降水量 107.0 mm,较常年同期(190.0 mm)偏少 4 成;8 月降水量 195.7 mm,较常年同期(152.0 mm)偏多近 3 成;9 月降水量 103.2 mm,较常年同期(67.0 mm)偏多 5 成。

2. 来水情况

丰满水库年来水量 127.80 亿 m³,来水频率为 43%,与常年同期(127.20 亿 m³)基本持平,为平水年。

2018 年春汛来水偏枯。3 月 1 日—5 月 31 日,入库水量 28.90 亿 m³,较常年同期(32.90 亿 m³)偏少 1 成;1—5 月,丰满水库来水量达 32.30 亿 m³,较常年同期(37.00 亿 m³)偏少 1 成。

6 月 1 日—9 月 30 日,丰满水库累计来水量 74.80 亿 m³,较常年同期(78.90 亿 m³)略偏少,汛期来水正常偏少。

3. 主要降水、来水过程

2018 年汛期发生 5 场较大降水过程。

①7 月 11 日 14 时—16 日 23 时,受副高后部切变影响,丰满流域(范围为白山水库与丰满水库之间,其中白-五-丰区间为一区,辉发河五道沟水文站以上为二区,以下同)平均降水量 87.6 mm,一区平均降水量 87.6 mm,二区平均降水量 75.2 mm。其中,单站最大降水量 164.0 mm 出现在退团。此次降水过程来水总量 11.90 亿 m³,12 h 最大入库洪峰 1 810 m³/s(7 月 15 日 8—20 时)。

②8 月 12 日 1 时—15 日 18 时,受台风"摩羯"水汽及副高后部切变影响,丰满流域平均降水量 78.5 mm,一区平均降水量 69.3 mm,二区平均降水量 84.9 mm。其中,单站最大降水量 154.0 mm 出现在磐石。此次降水过程来水总量 6.36 亿 m³,12 h 最大入库洪峰 2 510 m³/s(8 月 15 日 8—20 时)。

③8 月 18 日 13 时—25 日 23 时,受热带低压"温比亚"减弱形成的温带气旋影响,丰满流域平均降水量 90.4 mm,一区平均降水量 111.1 mm,二区平均降水量 74.5 mm。其中,单站最大降水量 168.0 mm 出现在抚民。此次降水过程来水总量 18.34 亿 m³,12 h 最大入库

洪峰 3 810 m³/s(8月24日20时—25日8时)。

④9月2日14时—7日23时,受高空槽影响,丰满流域平均降水量47.3 mm,一区平均降水量68.6 mm,二区平均降水量30.9 mm。其中,单站最大降水量113.0 mm出现在庆岭镇。此次降水过程来水总量9.31亿 m³,12 h最大入库洪峰1 830 m³/s(9月7日8—20时)。

⑤9月28日16时—10月1日8时,受华北气旋影响,丰满流域平均降水量41.3 mm,一区平均降水量45.7 mm,二区平均降水量38.1 mm。其中,单站最大降水量98.0 mm出现在抚民。此次降水过程来水总量3.08亿 m³,12 h最大入库洪峰788 m³/s(10月1日20时—2日8时)。

4. 蓄水情况

年初库水位246.05 m,蓄水34.33亿 m³;汛初库水位247.46 m,蓄水37.28亿 m³;汛末库水位252.77 m,蓄水50.21亿 m³;年末库水位247.43 m,蓄水37.21亿 m³。最高水位出现在9月11日2时,库水位256.49 m,蓄水61.34亿 m³;最低水位出现在3月13日23时,库水位242.75 m,蓄水28.14亿 m³。

第五章　重要水情分析

一、松辽流域7月24—25日暴雨洪水总结

受10号台风"安比"残留云系和高空槽共同影响,7月24—25日,松辽流域出现大范围、高强度降水过程。受降水影响,嫩江支流科洛河、蛟流河,松花江干流中游北侧支流发生超警、超保洪水,呼兰河中游、汤旺河下游发生大洪水,呼兰河支流欧根河、通肯河支流扎音河发生超历史洪水。

(一)降水

7月24—25日,受10号台风"安比"残留云系和高空槽共同影响,松辽流域出现大范围、强降水过程。降水高值区位于大小凌河,西辽河支流乌力吉木仁河,嫩江下游,松花江干流支流呼兰河、汤旺河等地。最大点雨量为松花江干流汤旺河支流欧根河卫东林场站(黑龙江-绥化-安庆)273.6 mm。过程累计降水量大于50、100、200 mm的笼罩面积分别为16.9万、3.9万、0.2万 km^2。

本场降水过程流域面雨量较大的有呼兰河100.5 mm,汤旺河82.6 mm,乌力吉木仁河75.6 mm,大小凌河61.2 mm。2018年7月24—25日松辽流域降水量等值面图见图5-1。

本次降水具有以下特点。

1. 降水范围广,暴雨中心多

本次降水覆盖面积广,降水量大于25 mm的笼罩面积为40.7万 km^2,占松辽流域面积的30%。受台风水汽影响,自7月24日8时开始,降水由流域西南部的老哈河、大凌河逐渐向北扩展,汇合高空槽影响,降水中心移至嫩江下游及松花江干流上游。本次降水过程共3个暴雨中心,分别为小凌河六家子站(辽宁-朝阳-朝阳)224.5 mm,西辽河乌力吉木仁河哈日朝鲁站(内蒙古-通辽市-扎鲁特旗)231.4 mm,汤旺河支流欧根河保马农场站(黑龙江-伊春-铁力)251.0 mm。主雨区时段降水量统计表见表5-1。

2. 降水强度大,多地日降水量超历史记录

本场强降水中,西辽河乌力吉木仁河、呼兰河单站日降水量超过水文部门历史记录。乌力吉木仁河最大日雨量为哈日朝鲁站(内蒙古-通辽-扎鲁特旗)231.2 mm(24日),超过本流域水文部门有记录以来最大日雨量(乌力吉木仁河梅林庙站143.6 mm,1962年7月25日);

松花江干流支流呼兰河流域最大日雨量为欧根河卫东林场站218.0 mm(24日),超过本流域水文部门有记录以来最大日雨量(依吉密河鹿鸣站215.0 mm,1968年7月25日)。

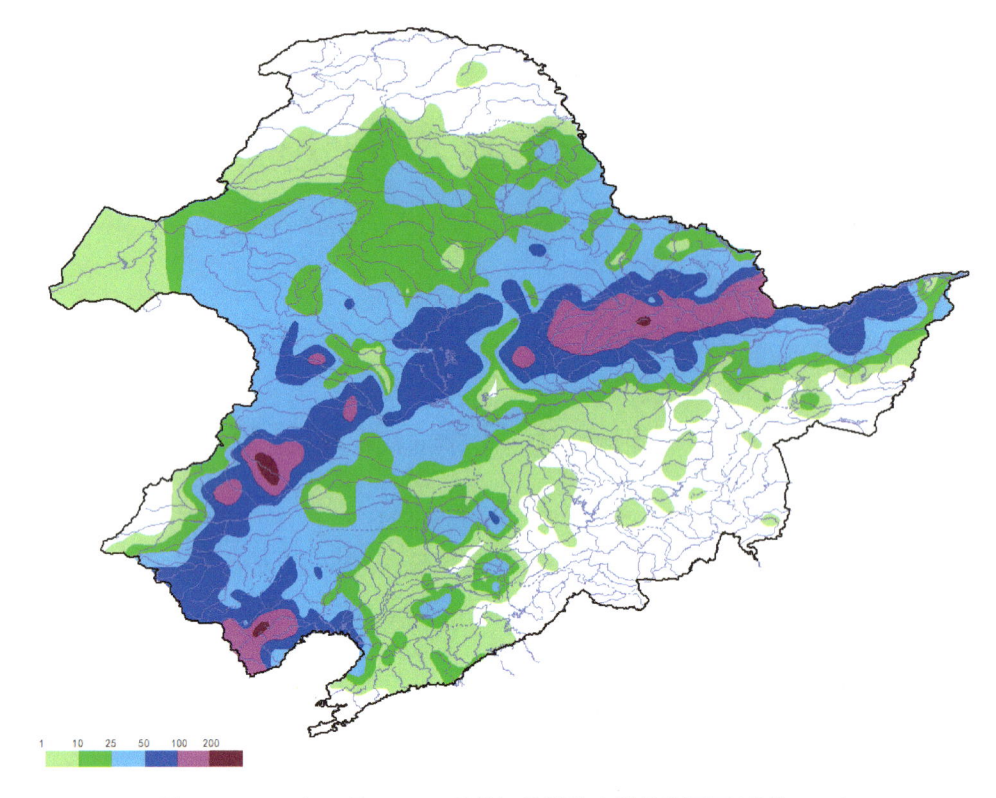

图5-1 2018年7月24—25日松辽流域降水量等值面图(单位:mm)

表5-1 主雨区时段降水量统计表　　　　　　　　　　　单位:mm

时间	小凌河及独流入海	大凌河	乌力吉木仁河	察尔森	察尔森至洮南	月亮泡湿地	嫩江左侧内流区	呼兰河	汤旺河	松花江干流下游
24日8—14时	4.7	4.4	0	7.1	0	0	6.3	1.6	0.1	0
24日14—20时	6.9	14.5	21.0	28.3	3.8	3.8	18.3	9.8	2.6	0.7
24日20时—25日2时	3.2	11.2	45.7	7.2	30.8	28.2	23.7	23.8	28.4	7.6
25日2—8时	0.2	2.8	6.7	2.1	17.9	28.2	14.8	25.0	21.1	5.1
25日8—14时	5.8	9.7	0	2.4	0	0.8	5.5	35.2	13.4	6.0
25日14—20时	20.7	13.0	0	0.8	0	0	0.1	4.8	17.1	34.3
25日20时—26日2时	30.1	4.7	1.0	0.3	0	0	0	0.2	0	1.4
26日2—8时	6.0	0.9	1.3	0	0	0	0	0	0	0.6
总计	77.6	61.2	75.7	48.2	52.5	61.0	68.7	100.4	82.7	55.7

（二）水情

受降水影响，嫩江、松花江干流等多条河流发生明显涨水过程，嫩江支流科洛河、松花江干流中游北侧支流发生超警、超保洪水，呼兰河中游发生超20年大洪水，汤旺河下游发生近20年大洪水，呼兰河支流欧根河、通肯河支流扎音河发生超历史洪水。"7·24"松辽流域洪水情况统计表见表5-2。

1. 呼兰河

呼兰河干流及5条一级支流发生超警戒水位以上洪水，呼兰河、欧根河、努敏河发生超保证水位洪水。呼兰河发生超10年中洪水，呼兰河中游发生超20年大洪水，呼兰河支流欧根河、通肯河支流扎音河发生超历史洪水。

庆安水位站7月27日13时18分洪峰水位174.20 m，超警戒水位(172.75 m)1.45 m，超保证水位(173.25 m)0.95 m，重现期超50年。

秦家（二）水文站7月28日8时55分洪峰水位150.44 m，超警戒水位(149.25 m)1.19 m，超保证水位(150.00 m)0.44 m，相应流量2 740 m³/s，重现期超20年，流量列1952年有资料以来第2位（历史最大流量2 810 m³/s，1985年8月18日）。

兰西水文站7月31日22时30分洪峰水位129.20 m，超警戒水位(128.40 m)0.80 m，相应流量3 100 m³/s，重现期超10年，流量列1950年有资料以来第4位（历史最大流量5 120 m³/s，1962年8月2日）。

呼兰水位站8月3日7时洪峰水位114.27 m，超警戒水位(113.00 m)1.27 m。

依吉密河北关（二）水文站7月26日0时54分洪峰水位100.82 m，超警戒水位(98.50 m)2.32 m，相应流量1 350 m³/s，重现期接近50年，流量列1957年有资料以来第2位（历史最大流量1 550 m³/s，1968年7月26日）。

欧根河欧根河（发展-主槽）水文站7月26日11时洪峰水位176.91 m，超警戒水位(175.95 m)0.96 m，超保证水位(176.25 m)0.66 m，相应流量1 400 m³/s，重现期超100年，流量列1971年有资料以来第1位（历史最大流量1 180 m³/s，2003年8月24日）。

努敏河西北河林场水位站7月26日6时10分洪峰水位87.76 m，超警戒水位(87.50 m)0.26 m。

努敏河四海店水位站7月27日5时48分洪峰水位97.71 m，超警戒水位(96.80 m)0.91 m。

努敏河四方台水文站7月30日6时洪峰水位153.38 m，超警戒水位(152.00 m)1.38 m，相应流量625 m³/s，重现期接近10年，流量列1975年有资料以来第3位（历史最大流量720 m³/s，1985年8月19日）。

努敏河支流克音河绥棱水文站7月26日5时洪峰水位176.40 m，超警戒水位(176.00 m)0.40 m，相应流量142 m³/s，重现期超5年，流量列2004年有资料以来第3位（历史最大流量644 m³/s，2013年8月14日）。

通肯河海北水文站7月27日3时洪峰水位196.18 m，超警戒水位(194.60 m)1.58 m，超保证水位(195.80 m)0.38 m，相应流量306 m³/s，重现期超10年，流量列2005年有资料以来第3位（历史最大流量385 m³/s，2014年7月22日）。

通肯河联合（二）水文站7月29日23时36分洪峰水位170.55 m，超警戒水位(170.20 m)

表 5-2 "7·24"松辽流域洪水水情统计表

水系	一级支流	二级支流	三级支流	站名	峰现时间	洪峰水位(m)	洪峰流量(m³/s)	超警戒水位(m)	超警时间	超保证水位(m)	超保时间	流量排位	重现期	历史最大流量(m³/s)	出现时间
嫩江	蛟流河			务木	7/25 13:00	191.42	158	0.16	7/25					1 050	1990/7/15
	科洛河			科后	7/26 21:00	98.27	295	0.27	7/25-7/29					1 210	1969/8/26
				庆安	7/27 13:18	174.20		1.45	7/22-7/30	0.95	7/26-7/29	第2位	超50年	2 810	1985/8/18
				秦家(二)	7/28 8:55	150.44	2 740	1.19	7/25-7/31	0.44	7/27-7/29	第4位	超20年	5 120	1962/8/2
				兰西	7/31 22:30	129.20	3 100	0.80	7/29-8/4						
				呼兰	8/3 7:00	114.27		1.27	7/24-8/14						
呼兰河	依吉密河			北关(二)	7/26 0:54	100.82	1 350	2.32	7/25-7/27	0.66	7/26-7/27	第2位	近50年	1 550	1968/7/26
	欧根河			欧根河(发展-主槽)	7/26 11:00	176.91	1 400	0.96	7/26-7/28			第1位	超100年	1 180	2003/8/24
	努敏河			西北河林场	7/26 6:10	87.76		0.26	7/26						
				四海店	7/27 5:48	97.71		0.91	7/26-7/29	0.38	7/27-7/31	第3位	近10年	720	1985/8/19
				四方台	7/30 6:00	153.38	625	1.38	7/21-8/3			第3位	超5年	644	2013/8/14
	通肯河	克音河		绥棱	7/26 5:00	176.40	142	0.40	7/25-7/29			第3位	超10年	385	2014/7/22
				海北	7/27 3:00	196.18	306	1.58	7/28-7/31	0.38	7/26-7/28	第3位	超5年	1 290	1962/7/29
				联合(二)	7/29 23:36	170.55	308	0.35							
		扎音河		青冈(东桥)	7/30 14:00	97.66	294	0.26	7/26-8/16			第6位			
松花江干流		泥河		陈家店	7/26 3:00	100.00	223	1.50	7/25-7/26			第1位	超50年	209	2013/7/31
				泥河(三)	7/28 12:00	151.60	72.9	0.60	7/25-7/31			超5年		466	1965/8/16
				伊新	7/26 12:00	101.76	2 000	0.76	7/25-7/28	0.71	7/25-7/27	第3位	近10年	4 000	1961/8/8
				西林	7/26 6:24	99.71	4 650	1.71	7/25-7/29			超50年			
汤旺河	伊春河			晨明	7/26 19:30	95.91	1 450	2.41	7/26-7/28			第2位	近20年	5 280	1961/8/9
				伊春(三)	7/26 7:36	100.59	970	1.59	7/26-7/28	0.33	7/26	第1位	50年	1 230	1988/7/14
	西南岔河			南岔(二)	7/26 12:24	95.08	552	1.08	7/25-7/27	0.08	7/26	第3位	超10年	1 750	1996/7/30
		永翠河		带岭(二)	7/26 8:10	100.00	440	1.50	7/26-7/28	0.50	7/26	第3位	超20年	802	1968/7/26
巴兰河				烟筒山	7/26 9:54	97.93		0.43	7/25-7/27				超5年	2 000	1996/7/30

0.35 m,相应流量 308 m³/s,重现期超 5 年。

通肯河青冈(东桥)水文站 7 月 30 日 14 时洪峰水位 97.66 m,超警戒水位(97.40 m)0.26 m,相应流量 294 m³/s。

通肯河支流扎音河陈家店(三)水文站 7 月 26 日 3 时洪峰水位 100.00 m,超警戒水位(98.50 m)1.50 m,相应流量 223 m³/s,重现期超 50 年,流量列 1970 年有资料以来第 1 位(历史最大流量 193 m³/s,2013 年 7 月 31 日)。

泥河泥河(三)水文站 7 月 28 日 12 时洪峰水位 151.60 m,超警戒水位(151.00 m)0.60 m,洪峰流量 72.9 m³/s,重现期超 5 年。

2. 汤旺河

汤旺河干流及 2 条一级支流发生超警以上洪水。汤旺河下游发生近 20 年大洪水,伊春河、西南岔河发生超 20 年大洪水。

伊新水文站 7 月 26 日 12 时洪峰水位 101.76 m,超警戒水位(101.00 m)0.76 m,相应流量 2 000 m³/s,重现期近 10 年,流量列 1958 年有资料以来第 3 位(历史最大流量 4 000 m³/s,1961 年 8 月 8 日)。

西林水位站 7 月 26 日 6 时 24 分洪峰水位 99.71 m,超警戒水位(98.00 m)1.71 m,超保证水位(99.00 m)0.71 m,重现期超 50 年。

晨明(二)水文站 7 月 26 日 19 时 30 分洪峰水位 95.91 m,超警戒水位(93.50 m)2.41 m,相应流量 4 650 m³/s,重现期近 20 年,流量列 1954 年有资料以来第 2 位(历史最大流量 5 280 m³/s,1961 年 8 月 9 日)。

伊春河伊春(三)水文站 7 月 26 日 7 时 36 分洪峰水位 100.59 m,超警戒水位(99.00 m)1.59 m,超保证水位(100.26 m)0.33 m,相应流量 1 450 m³/s,重现期 50 年,流量列 1957 年有资料以来第 1 位(历史最大流量 1 230 m³/s,1988 年 7 月 14 日)。

西南岔河南岔(二)水文站 7 月 26 日 12 时 24 分洪峰水位 95.08 m,超警戒水位(94.00 m)1.08 m,超过保证水位(95.00 m)0.08 m,相应流量 970 m³/s,重现期超 10 年,流量列 1957 年有资料以来第 3 位(历史最大流量 1 750 m³/s,1996 年 7 月 30 日)。

永翠河带岭(二)水文站 7 月 26 日 8 时 10 分洪峰水位 100.00 m,超警戒水位(98.50 m)1.50 m,超过保证水位(99.50 m)0.50 m,相应流量 552 m³/s,重现期超 20 年,流量列 1959 年有资料以来第 3 位(历史最大流量 802 m³/s,1968 年 7 月 26 日)。

3. 巴兰河

烟筒山水文站 7 月 26 日 9 时 54 分洪峰水位 97.93 m,超警戒水位(97.50 m)0.43 m,相应流量 440 m³/s,重现期超 5 年。

4. 乌力吉木仁河

梅林庙(二)水文站 7 月 26 日 6 时洪峰水位 99.69 m,相应流量 210 m³/s。

胜利河鲁北(三)水文站 7 月 25 日 5 时 30 分洪峰水位 8.83 m,相应流量 288 m³/s,流量列 1960 年有资料以来第 7 位(历史最大流量 635 m³/s,2011 年 7 月 28 日)。

5. 科洛河

科后水文站 7 月 26 日 21 时洪峰水位 98.27 m,超警戒水位(98.00 m)0.27 m,相应流量 295 m³/s。

6. 蛟流河

务本水文站7月25日13时洪峰水位191.42 m,超警戒水位(191.26 m)0.16 m,相应流量158 m³/s。

7. 霍林河

白云胡硕水文站7月25日18时洪峰水位250.73 m,相应流量116 m³/s。

(三) 水库

受降水影响,嫩江、松花江干流、大小凌河部分大型水库出现较大入库洪水过程,有6座大型水库超汛限。降水影响区域超汛限大型水库情况统计表见表5-3。

表5-3 降水影响区域超汛限大型水库情况统计表

水系	水库名	最大入库流量(m³/s)	时段长(h)	超汛限时间	最大超汛限幅度(m)
松花江干流	东方红水库	149	24	7月26日—9月1日	0.90
	西山水库	920	24	7月26—28日	2.03
嫩江	双阳河水库	44	24	7月26—27日、7月29日—8月12日	0.09
	山口水库	140.7	24	7月29日—8月4日	0.21
大小凌河	阎王鼻子水库	71.7	6	7月27日—8月9日	0.37
	乌金塘水库	302	0.4	7月28日—8月1日	0.04

二、松辽流域8月23—25日暴雨洪水总结

受19号台风"苏力"、20号台风"西马仑"外围水汽和高空冷涡共同影响,8月23—25日,松辽流域中东部出现大范围、高强度降水过程。受降水影响,松花江、绥芬河、乌苏里江支流穆棱河、松花江干流支流蚂蚁河发生2018年第1号洪水,绥芬河、松花江干流支流牡丹江、鸭绿江支流浑江等16条河流发生超警洪水,浑江上游支流大罗圈河发生超保、超历史洪水。

(一) 降水

8月23—25日,受19号台风"苏力"、20号台风"西马仑"外围水汽和高空冷涡共同影响,松辽流域中东部出现大范围、高强度降水过程。强降水自23日20时由流域东南部的鸭绿江、第二松花江上游、图们江开始,汇合高空冷涡影响,降水中心逐渐向北扩展,移至松花江干流上中游区域,降水高值区位于第二松花江上中游、松花江干流上中游、图们江、绥芬河、鸭绿江上中游等地,降水高值区详见表5-4。最大点雨量为鸭绿江支流浑江东胜站(吉林-白山-江源)226.4 mm。过程累计降水量大于50、100、150 mm的笼罩面积分别为13.3万、3.0万、0.2万 km²。

本场降水过程流域面雨量较大的有绥芬河75.9 mm,鸭绿江50.8 mm,图们江

46.8 mm,第二松花江47.3 mm,松花江干流38.9 mm。2018年8月23—25日松辽流域降水量等值面图见图5-2。

表5-4 降水高值区统计表 单位:mm

时间	鸭绿江	白山以上	图们江	绥芬河	白五丰区间	牡丹江	拉林河
23日20时—24日2时	15.8	20.8	15.3	12.9	8.4	9.7	0.3
24日2—8时	23.1	32.0	12.8	22.4	17.4	23.2	5.4
24日8—14时	9.4	14.7	5.2	10.8	27.9	20.1	12.8
24日14—20时	1.6	8.2	5.4	3.8	17.3	11	26
24日20时—25日2时	0.2	1.7	6	14.0	1.7	16.6	11.7
25日2—8时	0.7	0.3	2.1	12.0	0.3	9.5	0.7
合计	50.8	77.8	46.8	75.9	73	90.1	56.9

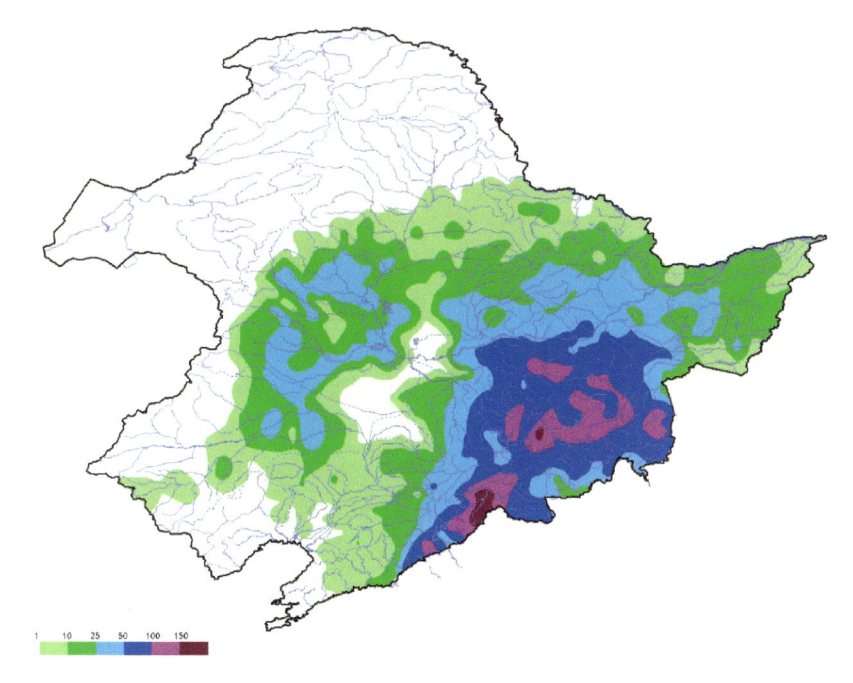

图5-2 2018年8月23—25日松辽流域降水量等值面图(单位:mm)

本次降水具有以下特点。

1. 降水范围广,暴雨中心多

本次降水覆盖面积较大,25 mm及以上降水量的笼罩面积为26.6万km²,占松辽流域面积的22%。本次降水由流域东南部逐渐向北扩展至松花江干流上中游,共形成3个暴雨中心,分别为鸭绿江支流浑江东胜站(吉林-白山-江源)226.4 mm,第二松花江支流大北岔河光明站(吉林-白山-靖宇)182.2 mm,松花江干流牡丹江支流黄泥河黄泥河站(吉林-延边-敦化)161.2 mm。降水高值区统计表见表5-4。

135

2. 双台风影响,台风水汽影响持续时间长

本次降水过程受19号台风"苏力"、20号台风"西马仑"外围水汽和高空冷涡共同影响,台风水汽自23日8时影响松辽流域,25日20时左右影响结束,持续近3天。

3. 降水高值区与18号台风"温比亚"影响区域重合

本次主雨区中的鸭绿江、第二松花江上游与18号台风"温比亚"影响区域重合,导致浑江上游支流大罗圈河发生超保、超历史洪水,松花江发生2018年第1号洪水。

(二)水情

受降水影响,鸭绿江、图们江、牡丹江、绥芬河、乌苏里江、第二松花江16条河流发生超警戒洪水,其中浑江上游支流大罗圈河发生超保、超历史洪水,牡丹江上游、嘎呀河、浑江上游发生20年一遇大洪水,绥芬河、乌苏里江支流穆棱河、松花江干流支流蚂蚁河发生2018年第1号洪水。"8·23"松辽流域洪水情况统计表见表5-5。

1. 图们江

嘎呀河天桥岭水文站8月25日9时50分洪峰水位282.93 m,超警戒水位(282.50 m)0.43 m,相应流量273 m³/s,重现期为5年,流量列1981年有资料以来第4位(历史最大流量695 m³/s,2017年7月21日)。

嘎呀河东明水文站8月24日22时洪峰水位203.47 m,超警戒水位(203.30 m)0.17 m,相应流量1 410 m³/s,重现期近20年,流量列2003年有资料以来第2位(历史最大流量2 750 m³/s,2017年7月21日)。

2. 绥芬河

东宁(三)水文站8月25日13时水位114.62 m,超警戒水位(114.60 m)0.02 m,达到《黑龙江省主要江河洪水编号实施办法》规定的编号标准,为绥芬河2018年第1号洪水。8月26日0时18分洪峰水位114.87 m,超警戒水位(114.60 m)0.27 m,相应流量1 750 m³/s,重现期超5年。

大绥芬河奔楼头水文站8月25日14时6分洪峰水位102.29 m,超警戒水位(101.20 m)1.09 m,相应流量1 370 m³/s,重现期超5年。

3. 鸭绿江

浑江八道江水文站8月24日12时洪峰水位475.09 m,超警戒水位(474.42 m)0.67 m,相应流量1 460 m³/s,重现期近20年。

浑江东村水文站8月24日20时洪峰水位334.22 m,超警戒水位(334.04 m)0.18 m,相应流量2 850 m³/s。

浑江支流大罗圈河铁厂水文站8月24日15时洪峰水位437.37 m,超警戒水位(435.61 m)1.76 m,超保证水位(436.61)0.76 m,相应流量836 m³/s,重现期超10年,流量列1972年有资料以来第1位(历史最大流量792 m³/s,1977年8月3日)。

4. 乌苏里江

穆棱河穆棱(二)水文站8月25日10时54分洪峰水位327.81 m,超警戒水位(327.50 m)0.31 m,相应流量415 m³/s,重现期约5年。

穆棱河梨树镇水文站8月26日12时水位91.00 m,达到警戒水位(91.00 m),达到《黑龙江省主要江河洪水编号实施办法》规定的编号标准,为穆棱河2018年第1号洪水。8月27日13时洪峰水位91.85 m,超警戒水位(91.00 m)0.85 m,相应流量600 m³/s。

表5-5 "8·23"松辽流域洪水情况统计表

水系	一级支流	二级支流	三级支流	站名	峰现时间	洪峰水位(m)	洪峰流量(m³/s)	超警戒水位(m)	超警时间	超保证水位(m)	超保时间	流量排位	重现期	历史最大流量(m³/s)	出现时间
第二松花江	头道松花江			高丽城子	8/24 14:00	422.42	972	0.35	8/24—8/25					6 690	1960/8/23
	团山子河			二道	8/25 8:00	187.94	40.5	0.04	8/25					169	2013/7/4
松花江干流	拉林河	忙牛河	大泥河	老街基(二)	8/26 4:36	104.38	86.4	0.08	8/26					225	2017/7/20
		横道河子		大山咀子	8/26 9:00	356.39	1 920	0.89	8/25—8/27			5	20年	3 160	1960/8/25
	牡丹江	沙河		横道河子	8/25 9:06	98.57	73.6	0.22	8/25			3	超10年	127	1991/7/30
		黄泥河		东昌	8/27 6:00	522.26	192	0.94	8/24—8/30			3		433	2017/7/23
				秋梨沟	8/25 5:00	481.35	156	0.55	8/24—8/26			5	超5年	346	1989/7/23
	蚂蚁河			延寿	8/27 20:00	98.41	1 170	0.41	8/26—8/28				超5年	2 780	1960/8/8
		黄泥河		莲花(二)	8/28 13:00	99.54	1 740	0.54	8/26—8/28			5		4 060	1994/7/15
乌苏里江	穆棱河			杨树(二)	8/26 10:30	99.86	285	0.36	8/26—8/27				超5年	788	1960/8/7
				穆棱(二)	8/25 10:54	327.81	415	0.31	8/25				5年	2 750	1965/8/7
				梨树镇	8/27 13:00	91.85	600	0.85	8/26—8/29					4 380	1965/8/8
绥芬河				东宁(三)	8/26 0:18	114.87	1 750	0.27	8/25—8/26			5	超5年	5 100	1965/8/8
	大绥芬河			奔楼头	8/25 14:06	102.29	1 370	1.09	8/24—8/26				超5年		
图们江	嘎呀河			天桥岭	8/25 9:50	282.93	273	0.43	8/24—8/26			4	5年	695	2017/7/21
				东明	8/24 22:00	203.47	1 410	0.17	8/24—8/26			2	近20年	2 750	2017/7/21
				八道江	8/24 12:00	475.09	1 460	0.67	8/24			2	近20年	1 520	2010/7/31
鸭绿江	浑江			东村	8/24 20:00	334.22	2 850	0.18	8/24			1		5 200	1970/8/3
		大罗圈河		铁厂	8/24 15:00	437.37	836	1.76	8/24—8/25	0.76	8/24		超10年	792	1977/8/3

5. 第二松花江

头道松花江高丽城子水文站8月24日14时洪峰水位422.42 m,超警戒水位(422.07 m)0.35 m,相应流量972 m³/s。

团山子河二道水文站8月25日8时洪峰水位187.94 m,超警戒水位(187.90 m)0.04 m,相应流量40.5 m³/s。

6. 松花江干流

（1）拉林河

拉林河支流大泥河老街基(二)水文站8月26日4时36分洪峰水位104.38 m,超警戒水位(104.30 m)0.08 m,相应流量86.4 m³/s。

（2）蚂蚁河

蚂蚁河延寿水文站8月26日17时水位98.05 m,超警戒水位(98.00 m)0.05 m,达到《黑龙江省主要江河洪水编号实施办法》规定的编号标准,为蚂蚁河2018年第1号洪水。8月27日20时洪峰水位98.41 m,超警戒水位(98.00 m)0.41 m,相应流量1 170 m³/s,重现期超5年。

蚂蚁河莲花(二)水文站8月28日13时洪峰水位99.54 m,超警戒水位(99.00 m)0.54 m,相应流量1 740 m³/s,列1957年有资料以来第5位(历史最大流量4 060 m³/s,1994年7月15日)。

蚂蚁河支流黄泥河杨树(二)水文站8月26日10时30分洪峰水位99.86 m,超警戒水位(99.50 m)0.36 m,相应流量285 m³/s,重现期超5年。

（3）牡丹江

牡丹江大山咀子水文站8月26日9时洪峰水位356.39 m,超警戒水位(355.50 m)0.89 m,相应流量1 920 m³/s,重现期为20年,流量列1958年有资料以来第5位(历史最大流量3 160 m³/s,1960年8月25日)。

牡丹江支流横道河子横道河子水文站8月25日9时6分洪峰水位98.57 m,超警戒水位(98.35 m)0.22 m,相应流量73.6 m³/s,重现期超10年,流量列1971年有资料以来第3位(历史最大流量127 m³/s,1991年7月30日)。

牡丹江支流沙河东昌水文站8月27日6时洪峰水位522.26 m,超警戒水位(521.32 m)0.94 m,相应流量192 m³/s,流量列1981年有资料以来第3位(历史最大流量433 m³/s,2017年7月23日)。

牡丹江支流黄泥河秋梨沟水文站8月25日5时洪峰水位481.35 m,超警戒水位(480.80 m)0.55 m,相应流量156 m³/s,重现期超5年,流量列1959年有资料以来第5位(历史最大流量346 m³/s,1989年7月23日)。

(三) 水库

受本次降水影响,松花江发生2018年第1号洪水,流域共有10座大型水库超汛限,牡丹江镜泊湖水库、浑江桓仁水库、珲春河老龙口等水库出现明显入库洪水过程。降水影响区域超汛限大型水库情况统计表见表5-6。

8月24日14—17时,第二松花江白山水库3 h入库流量5 120 m³/s,重现期超5年,达到国家防总《全国主要江河洪水编号规定》编号标准,为松花江2018年第1号洪水。最大1日洪量3.78亿m³,最大3日洪量7.61亿m³。白山水库最大时段入库相应出库流量218 m³/s,最大削峰率96%。

表 5-6 降水影响区域超汛限大型水库情况统计表

水系	河名	水库名	最大时段入库流量(m³/s)	时段长(h)	最大超汛限幅度(m)	超汛限水位时间
第二松花江	饮马河	石头口门水库	157	12	0.10	8月25日
	翁克河	太平池水库	97.2	1	0.14	8月29—30日
松花江干流	扎音河	东方红水库	2.31	24	0.65	8月23—30日
	牡丹江	镜泊湖水库	2 510	6	0.54	8月27—30日
	倭肯河	桃山水库	21.4	—	0.43	8月24—30日
乌苏里江	穆棱河	团结水库(穆)	76.8	24	0.95	8月27—30日
图们江	珲春河	老龙口水库	568	6	1.23	8月23—24日、8月26—30日
鸭绿江	浑江	桓仁水库	2 230	24	1.55	8月26—30日
		回龙山水库	722	24	0.04	8月27日
		太平哨水库	1 390	4	0.50	8月23—30日

8月23—25日,第二松花江丰满水库最大3h实际入库流量4 370 m³/s(24日23时—25日2时),最大12h天然入库流量8 710 m³/s(24日17时—25日5时),重现期超5年。

三、黑龙江干流水情总结

6月1日—7月15日,额尔古纳河降水116.4 mm,较常年同期偏多近2成,黑龙江干流中国侧降水183.7 mm,较常年同期偏多近4成。受中国侧降水和俄方来水的影响,黑龙江干流发生编号洪水,上游江段全线超警(详见表5-7),开库康至呼玛江段发生超10年一遇洪水,支流额尔古纳河、石勒喀河等出现明显洪水过程,鸭蛋河发生超警洪水。

表 5-7 黑龙江干流超警洪水情况统计表

河名	站名	峰现时间(月-日 时:分)	洪峰水位(m)	超警戒水位(m)	超保证水位(m)	水位排位	重现期
黑龙江干流	漠河	07-15 8:00	97.11	0.61		8	超5年
	开库康	07-17 17:00	98.34	1.84		2	超10年
	鸥浦	07-19 6:00	99.62	1.32		2	超10年
	呼玛	07-21 12:00	100.89	1.39		6	约10年
	三道卡	07-22 13:00	99.23	1.23		11	超5年
	黑河	07-23 14:00	96.15	0.15		9	小于5年
	胜利屯	07-25 8:00	116.83	0.83		4	小于5年
	嘉荫	07-29 16:18	97.02	0.02		11	小于5年
	中兴镇	07-31 8:00	97.72	0.02		2	
	同江(黑龙江)	08-01 23:00	54.46	0.46			
	勤得利	08-04 6:00	46.48	0.13		7	超5年
鸭蛋河	鸭蛋河(河道)	07-25 23:50	98.39	1.39	0.69	2	

(一)干流水情

洛古河水文站7月15日2时洪峰水位308.71 m,相应流量8 490 m³/s,水位列有资料以来第8位,流量列有资料以来第4位。

漠河水位站7月14日9时30分达到警戒水位,按照《黑龙江省主要江河洪水编号实施办法》,该场洪水编号为黑龙江干流2018年第1号洪水。7月15日8时洪峰水位97.11 m,超警戒水位(96.50 m)0.61 m,水位列有资料以来第8位,重现期超5年。

开库康水位站7月17日17时洪峰水位98.34 m,超过警戒水位(96.50 m)1.84 m,水位列有资料以来第2位,重现期超10年。

鸥浦水位站7月19日6时洪峰水位99.62 m,超过警戒水位(98.30 m)1.32 m,水位列有资料以来第2位,重现期超10年。

呼玛水位站7月21日12时洪峰水位100.89 m,超过警戒水位(99.50 m)1.39 m,水位列有资料以来第6位,重现期约10年。

三道卡水位站7月22日13时洪峰水位99.23 m,超过警戒水位(98.00 m)1.23 m,水位列有资料以来第11位,重现期超5年。

黑河水位站7月23日14时洪峰水位96.15 m,超过警戒水位(96.00 m)0.15 m,水位列有资料以来第9位。

卡伦山水文站7月23日22时洪峰水位123.87 m,相应流量17 100 m^3/s,水位和流量均列有资料以来第2位。

胜利屯水位站7月25日8时洪峰水位116.83 m,超过警戒水位(116.00 m)0.83 m,水位列有资料以来第4位。

嘉荫水位站7月29日16时18分洪峰水位97.02 m,超过警戒水位(97.00 m)0.02 m,水位列有资料以来第11位。

中兴镇水位站7月31日8时洪峰水位97.72 m,超过警戒水位(97.70 m)0.02 m,水位列有资料以来第2位。

同江(黑龙江)水位站8月1日23时洪峰水位54.46 m,超过警戒水位(54.00 m)0.46 m。

勤得利水位站8月4日6时洪峰水位46.48 m,超过警戒水位(46.35 m)0.13 m,水位列有资料以来第7位,重现期超5年。

抚远水文站8月5日14时洪峰水位40.99 m,相应流量23 900 m^3/s,水位列有资料以来第6位。

(二)支流水情

1. 石勒喀河

斯列坚斯克(俄)水文站7月11日8时洪峰水位5.58 m。

其萨瓦亚(俄)水文站7月15日8时洪峰水位7.78 m。

2. 额尔古纳河

奇乾水文站7月25日8时洪峰水位467.34 m,相应流量612 m^3/s。

3. 结雅河

别洛戈里耶(俄)水文站7月23日8时洪峰水位5.75 m,相应流量7 000 m^3/s。

4. 鸭蛋河

鸭蛋河(河道)水文站7月25日23时50分洪峰水位98.39 m,超过保证水位(97.70 m)0.69 m,相应流量364 m^3/s,水位和流量均列有资料以来第2位。

（三）洪水来源组成分析

1. 洛古河水文站

洛古河站洪水来源主要为额尔古纳河（代表站为室韦站）和石勒喀河。从 2018 年 6 月 1 日—8 月 1 日洛古河站和室韦站的流量过程线图（图 5-3）可以看出，6 月 1 日—7 月 15 日，额尔古纳河的最大流量为 240 m³/s，而洛古河站洪峰流量为 8 490 m³/s，为此可确定本次洛古河站的洪水主要来源于石勒喀河。

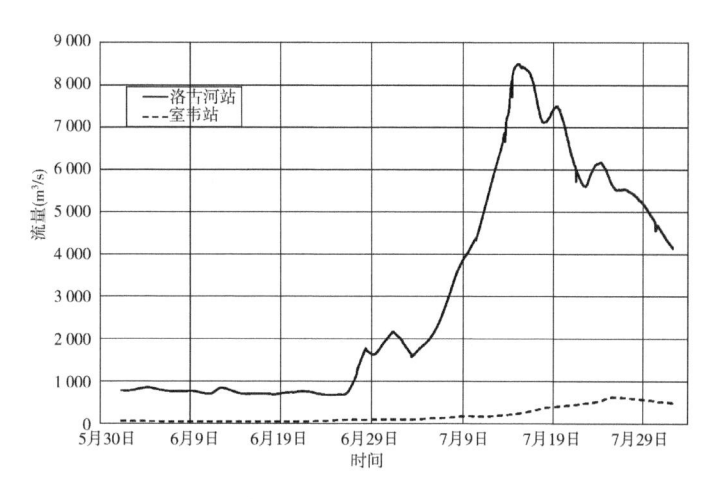

图 5-3　洛古河站和室韦站流量过程线图

2. 卡伦山水文站

卡伦山站洪水来源主要为上游来水（代表站为上马厂站）和结雅河（代表站为别洛戈里耶站）。从卡伦山站、上马厂站和别洛戈里耶站的流量过程线图（图 5-4）可以看出，别洛戈里耶（俄）水文站 7 月 23 日 8 时洪峰流量 7 000 m³/s，上马厂水文站 7 月 23 日 8 时洪峰流量 12 500 m³/s，而卡伦山水文站 7 月 23 日 22 时洪峰流量 17 100 m³/s，为此可确定本次卡伦山站的洪水是由上游来水和结雅河来水共同组成。

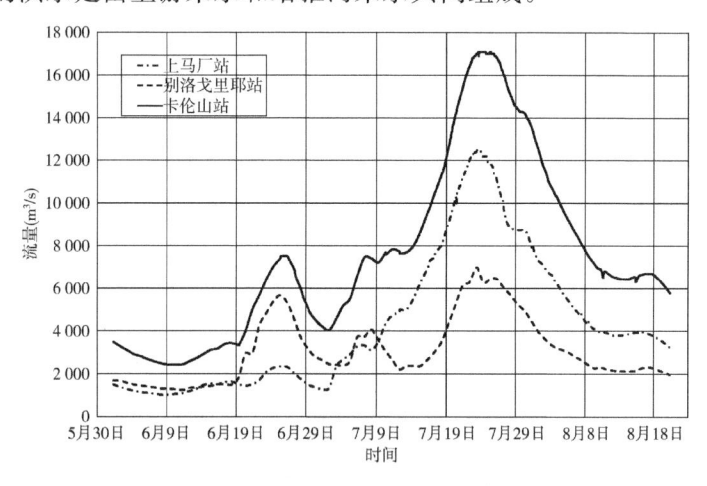

图 5-4　上马厂站、别洛戈里耶站和卡伦山站流量过程线图

3. 乌云水位站

乌云站洪水来源主要为上游来水（代表站为奇克站）和布列亚河（代表站为马里诺夫卡站）。从奇克站、马里诺夫卡站和乌云站的水位、流量过程线图（图5-5）可以看出，奇克水位站7月26日12时出现洪峰，乌云水位站于7月27日16时54分出现洪峰，而马里诺夫卡（俄）水文站于8月9日8时出现洪峰，为此可确定本次乌云站的洪水主要是由上游来水导致。

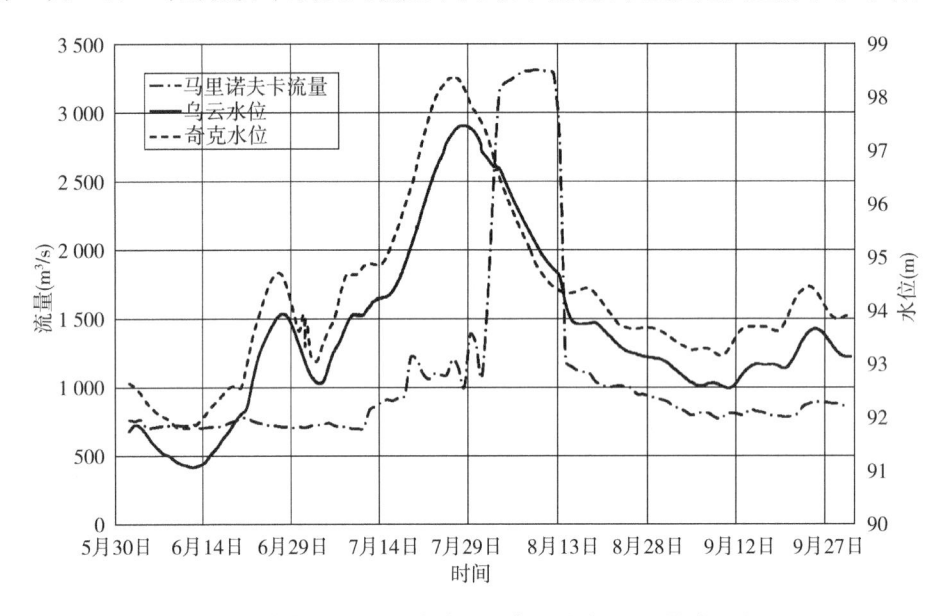

图 5-5 奇克站、马里诺夫卡站和乌云站水位、流量过程线图

4. 抚远水文站

抚远站洪水来源主要为上游来水和松花江。从太平沟站、佳木斯站和抚远站的流量过程线图（图5-6）可以看出，佳木斯水文站7月28日0时洪峰流量8 710 m³/s，太平沟水文站7月

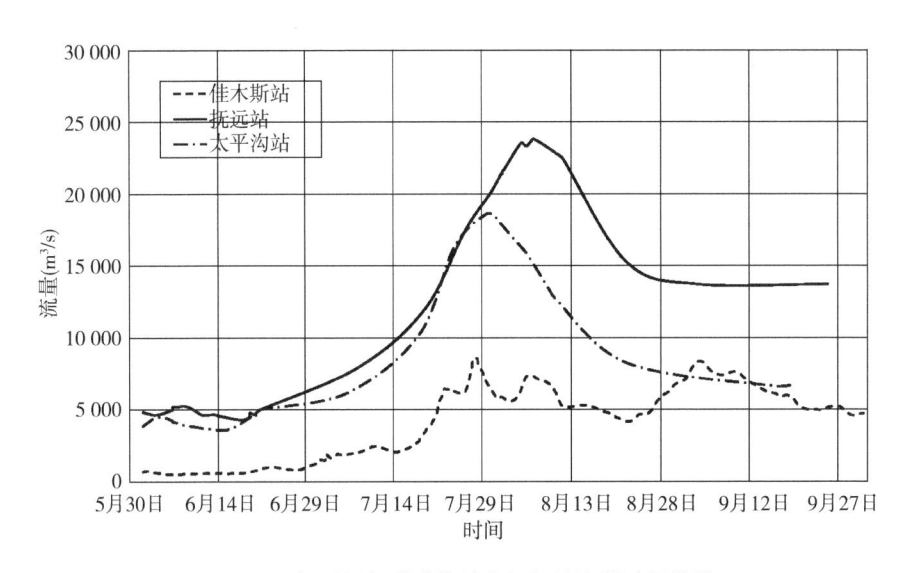

图 5-6 太平沟站、佳木斯站和抚远站流量过程线图

28 日 14 时 52 分洪峰流量 19 200 m^3/s,而抚远水文站 8 月 5 日 14 时洪峰流量 23 900 m^3/s。可见抚远站洪峰是由上游来水和松花江来水共同组成的,8 月 20 日以后松花江再次出现涨水过程,使得抚远站后期退水缓慢。